안쌤의

STEAM + 창의사고력

과학 100제

[초등 5학년]

시대에듀

안쌤의 STEAM+창의사고력 과학 100제

5

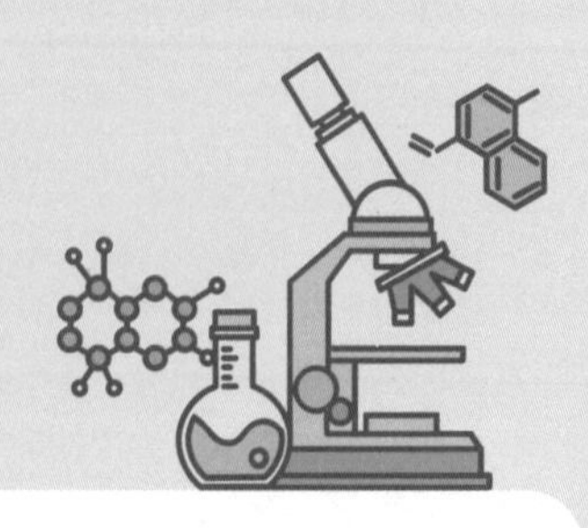

안쌤 영재교육연구소

안쌤 영재교육연구소 학습 자료실

샘플 강의와 정오표 등 여러 가지 학습 자료를 확인해 보세요~!

이 책을 펴내며

초등학교 과정에서 과학은 수학과 영어에 비해 관심을 적게 받기 때문에 과학을 전문으로 가르치는 학원도 적고 강의 또한 많이 개설되지 않는다. 이런 상황에서 과학은 어렵고, 배우기 힘든 과목이 되어가고 있다. 특히 수도권을 제외한 지역에서 양질의 과학 교육을 받는 것은 매우 힘든 일임이 분명하다. 그래서 지역에 상관없이 전국의 학생들이 질 좋은 과학 수업을 받을 수 있도록 창의사고력 과학 특강을 실시간 강의로 진행하게 되었고, '안쌤 영재교육연구소' 카페를 통해 강의를 진행하면서 많은 학생이 과학에 대한 흥미와 재미를 더해가는 모습을 보게 되었다. 더불어 20년이 넘는 시간 동안 많은 학생이 영재교육원에 합격하는 모습을 지켜볼 수 있는 영광을 얻기도 했다.

영재교육원 시험에 출제되는 창의사고력 과학 문제들은 대부분 실생활에서 볼 수 있는 현상을 과학적으로 '어떻게 설명할 수 있는지', '왜 그런 현상이 일어나는지', '어떻게 하면 그런 현상을 없앨 수 있는지' 등의 다양한 접근을 통해 해결해야 한다. 이러한 과정을 통해 창의사고력을 키울 수 있고, 문제해결력을 향상시킬 수 있다. 직접 배우고 가르치는 과정 속에서 과학은 세상을 살아가는 데 매우 중요한 학문이며, 꼭 어렸을 때부터 배워야 하는 과목이라는 것을 알게 되었다. 과학을 통해 창의사고력과 문제해결력이 향상된다면 학생들은 어려운 문제나 상황에 부딪혔을 때 포기하지 않을 것이며, 그 문제나 상황이 발생된 원인을 찾고 분석하여 해결하려고 노력할 것이다. 이처럼 과학은 공부뿐만 아니라 인생을 살아가는 데 있어 매우 중요한 역할을 한다.

이에 시대에듀와 함께, 다년간의 강의와 학습 과정에서의 노하우를 담은 『안쌤의 STEAM + 창의사고력 과학 100제』 시리즈를 집필하여 영재교육원을 대비하는 교재를 출간하고자 한다. 이 교재는 어렵게 생각할 수 있는 과학 문제에 재미있는 그림을 연결하여 흥미를 유발했고, 과학 기사와 실전 문제를 융합한 '창의사고력 실력다지기' 문제를 구성했다. 마지막으로 실제 시험 유형을 확인할 수 있도록 영재교육원 기출문제를 정리해 수록했다.

이 교재와 안쌤 영재교육연구소 카페의 다양한 정보를 통해 많은 학생들이 과학에 더 큰 관심을 갖고, 자신의 꿈을 키우기 위해 노력하며 행복하게 살아가길 바란다.

안쌤 영재교육연구소 대표 안재범

안쌤이 생각하는 자기주도형 학습법

변화하는 교육정책에 흔들리지 않는 것이 자기주도형 학습법이 아닐까?
입시 제도가 변해도 제대로 된 학습을 한다면 자신의 꿈을 이루는 데 걸림돌이 되지 않는다!

독서 → 동기 부여 → 공부 스타일로
공부하기 위한 기본적인 환경을 만들어야 한다.

1단계 독서

'빈익빈 부익부'라는 말은 지식에도 적용된다. 기본적인 정보가 부족하면 새로운 정보도 의미가 없지만, 기본적인 정보가 많으면 새로운 정보를 의미 있는 정보로 만들 수 있고, 기본적인 정보와 연결해 추가적인 정보(응용 · 창의)까지 쌓을 수 있다. 그렇기 때문에 먼저 기본적인 지식을 쌓지 않으면 아무리 열심히 공부해도 과학 과목에서 높은 점수를 받기 어렵다. 기본적인 지식을 많이 쌓는 방법으로는 독서와 다양한 경험이 있다. 그래서 입시에서 독서 이력과 창의적 체험활동(www.neis.go.kr)을 보는 것이다.

2단계 동기 부여

인간은 본인의 의지로 선택한 일에 책임감이 더 강해지므로 스스로 적성을 찾고 장래를 선택하는 것이 가장 좋다. 스스로 적성을 찾는 방법은 여러 종류의 책을 읽어서 자기가 좋아하는 관심 분야를 찾는 것이다. 자기가 원하는 분야에 관심을 갖고 기본 지식을 쌓다 보면, 쌓인 기본 지식이 학습과 연관되면서 공부에 흥미가 생겨 점차 꿈을 이루어 나갈 수 있다. 꿈과 미래가 없이 막연하게 공부만 하면 두뇌의 반응이 약해진다. 그래서 시험 때까지만 기억하면 그만이라고 생각하는 단순 정보는 시험이 끝나는 순간 잊어버린다. 반면 중요하다고 여긴 정보는 두뇌를 강하게 자극해 오래 기억된다. 살아가는 데 꿈을 통한 동기 부여는 학습법 자체보다 더 중요하다고 할 수 있다.

3단계 공부 스타일

공부하는 스타일은 학생마다 다르다. 예를 들면, '익숙한 것을 먼저 하고 익숙하지 않은 것을 나중에 하기', '쉬운 것을 먼저 하고 어려운 것을 나중에 하기', '좋아하는 것을 먼저 하고 싫어하는 것을 나중에 하기' 등 다양한 방법으로 공부를 하다 보면 자신에게 맞는 공부 스타일을 찾을 수 있다. 자신만의 방법으로 공부를 하면 성취감을 느끼기 쉽고, 어떤 일이든지 자신 있게 해낼 수 있다.

어느 정도 기본적인 환경을 만들었다면
이해 - 기억 - 복습의 자기주도형 3단계 학습법으로
창의적 문제해결력을 키우자.

1단계 이해

단원의 전체 내용을 쭉 읽어본 뒤, 개념 확인 문제를 풀면서 중요 개념을 확인해 전체적인 흐름을 잡고 내용 간의 연계(마인드맵 활용)를 만들어 전체적인 내용을 이해한다.
개념을 오래 고민하고 깊이 이해하려고 하는 습관은 스스로에게 질문하는 것에서 시작된다.
[이게 무슨 뜻일까? / 이건 왜 이렇게 될까? / 이 둘은 뭐가 다르고, 뭐가 같을까? / 왜 그럴까?]
막히는 문제가 있으면 먼저 머릿속으로 생각하고, 끝까지 이해가 안 되면 답지를 보고 해결한다. 그래도 모르겠으면 여러 방면(관련 도서, 인터넷 검색 등)으로 이해될 때까지 찾아보고, 그럼에도 이해가 안 된다면 선생님께 여쭤 보라. 이런 과정을 통해서 스스로 문제를 해결하는 능력이 키워진다.

2단계 기억

암기해야 하는 부분은 의미 관계를 중심으로 분류해 전체 내용을 조직한 후 자신의 성격이나 환경에 맞는 방법, 즉 자신만의 공부 스타일로 공부한다. 이때 노력과 반복이 아닌 흥미와 관심으로 시작하는 것이 중요하다. 그러나 흥미와 관심만으로는 힘들 수 있기 때문에 단원과 관련된 개념이 사회 현상이나 기술을 설명하기 위해 어떻게 활용되고 있는지를 알아보면서 자연스럽게 다가가는 것이 좋다.
그리고 개념 이해를 요구하는 단원은 기억 단계를 필요로 하지 않기 때문에 이해 단계에서 바로 복습 단계로 넘어가면 된다.

3단계 복습

복습은 여러 유형의 문제를 풀어 보는 것이다. 이렇게 할 때 교과서에 나온 개념과 원리를 제대로 이해할 수 있을 것이다. 기본 교재(내신 교재)의 문제와 심화 교재(창의사고력 교재)의 문제를 풀면서 문제해결력과 창의성을 키우는 연습을 한다면 좋은 점수를 받을 수 있을 것이다.

마지막으로 과목에 대한 흥미를 바탕으로 정서적인 안정을 취한 상태에서 자신감 있게 공부하는 것이 가장 중요하다.

안쌤 영재교육연구소 대표 **안 재 범**

영재교육원에 대해 궁금해 하는 Q&A

영재교육원 대비로 가장 많이 문의하는 궁금증 리스트와
안쌤의 속~ 시원한 답변 시리즈

1 안쌤이 생각하는 대학부설 영재교육원과 교육청 영재교육원의 차이점

Q 어느 영재교육원이 더 좋나요?

A 대학부설 영재교육원이 대부분 더 좋다고 할 수 있습니다. 대학부설 영재교육원은 대학 교수님 주관으로 진행하고, 교육청 영재교육원은 영재 담당 선생님이 진행합니다. 교육청 영재교육원은 기본 과정, 대학부설 영재교육원은 심화 과정, 사사 과정을 담당합니다.

Q 어느 영재교육원이 들어가기 쉽나요?

A 대부분 대학부설 영재교육원이 더 합격하기 어렵습니다. 대학부설 영재교육원은 9~11월, 교육청 영재교육원은 11~12월에 선발합니다. 먼저 선발하는 대학부설 영재교육원에 대부분의 학생들이 지원하고 상대평가로 합격이 결정되므로 경쟁률이 높고 합격하기 어렵습니다.

Q 선발 요강은 어떻게 다른가요?

A

대학부설 영재교육원은 대학마다 다양한 유형으로 진행이 됩니다.	교육청 영재교육원은 지역마다 다양한 유형으로 진행이 됩니다.
1단계 서류 전형으로 자기소개서, 영재성 입증자료 2단계 지필평가 (창의적 문제해결력 평가(검사), 영재성판별검사, 창의력검사 등) 3단계 심층면접(캠프전형, 토론면접 등) 지원하고자 하는 대학부설 영재교육원 요강을 꼭 확인해 주세요.	GED 지원단계 자기보고서 포함 여부 1단계 지필평가 (창의적 문제해결력 평가(검사), 영재성검사 등) 2단계 면접 평가(심층면접, 토론면접 등) 지원하고자 하는 교육청 영재교육원 요강을 꼭 확인해 주세요.

2 교재 선택의 기준

Q 현재 4학년이면 어떤 교재를 봐야 하나요?

A 교육청 영재교육원은 선행 문제를 낼 수 없기 때문에 현재 학년에 맞는 교재를 선택하시면 됩니다.

Q 현재 6학년인데, 중등 영재교육원에 지원합니다. 중등 선행을 해야 하나요?

A 현재 6학년이면 6학년과 관련된 문제가 출제됩니다. 중등 영재교육원이라 하는 이유는 올해 합격하면 내년에 중 1이 되어 영재교육원을 다니기 때문입니다.

Q 대학부설 영재교육원은 수준이 다른가요?

A 대학부설 영재교육원은 대학마다 다르지만 1~2개 학년을 더 공부하는 것이 유리합니다.

3 지필평가 유형 안내

Q 영재성검사와 창의적 문제해결력 검사는 어떻게 다른가요?

A 과거

영재성검사

언어창의성 수학창의성
수학사고력 과학창의성
과학사고력

+

학문적성 검사

수학사고력
과학사고력
창의사고력

=

창의적 문제해결력 검사

수학창의성 수학사고력
과학창의성 과학사고력
융합사고력

현재

영재성검사

언어창의성 수학창의성
수학사고력 과학창의성
과학사고력

창의적 문제해결력 검사

수학창의성 수학사고력
과학창의성 과학사고력
융합사고력

지역마다 실시하는 시험이 다릅니다.

- 서울: 창의적 문제해결력 검사
- 부산: 창의적 문제해결력 검사(영재성검사 + 학문적성검사)
- 대구: 창의적 문제해결력 검사
- 대전 + 경남 + 울산: 영재성검사, 창의적 문제해결력 검사

4 영재교육원 대비 파이널 공부 방법

Step1 자기인식

자가 채점으로 현재 자신의 실력을 확인해 주세요. 남은 기간 동안 효율적으로 준비하기 위해서는 현재 자신의 실력을 확인해야 합니다. 기간이 많이 남지 않았다면 빨리 지필평가에 맞는 교재를 준비해 주세요.

Step2 답안 작성 연습

지필평가 대비로 가장 중요한 부분은 답안 작성 연습입니다. 모든 문제가 서술형이라서 아무리 많이 알고 있고, 답을 알더라도 답안을 제대로 작성하지 않으면 점수를 잘 받을 수 없습니다. 꼭 답안 쓰는 연습을 해 주세요. 자가 채점이 많은 도움이 됩니다.

시대에듀가 제안하는 영재교육원 대비 전략

1 학교 생활 관리 ➔ 담임교사 추천, 학교장 추천을 받기 위한 기본적인 관리

- 교내 각종 대회 및 창의적 체험활동(www.neis.go.kr) 관리
- 독서 이력 관리: 교육부 독서교육종합지원시스템 운영

2 학습에 대한 흥미 유발과 사고력 향상

- 퍼즐 형태의 문제로 흥미와 관심 유발
- 문제를 해결하는 과정에서 집중력과 두뇌 회전력, 사고력 향상

◀ 안쌤의 사고력 수학 퍼즐 시리즈(총 14종)

3 과목별 교과 학습 ➔ 학생의 학습 속도에 맞춰서 진행

- '교과 개념 교재 → 심화 교재'의 순서로 진행
- 현행에 머물러 있는 것보다는 학생의 학습 속도에 맞는 선행 추천
- 수학 · 과학의 개념을 이해할 수 있는 문제해결력 향상

▲ 안쌤의 STEAM + 창의사고력 수학 100제 시리즈 (초등 1~6학년)

▲ 안쌤의 STEAM + 창의사고력 과학 100제 시리즈 (초등 1~6학년)

융합사고력 향상

- 수학사고력과 과학탐구력, 융합사고력을 동시에 향상하는 학습

◀ 안쌤의 수 · 과학 융합 특강

5 지원 가능한 영재교육원 모집 요강 확인

- 지원 가능한 영재교육원 모집 요강을 확인하고 지원 분야 및 전형 일정 확인
- 지역, 학년마다 지원 방법 및 분야가 다를 수 있음

6 지필평가 대비

- 지원 분야에 맞는 교재 선택
- 서술형 답안 작성 연습 필수

▲ 영재성검사 창의적 문제해결력 모의고사 시리즈
(초등 3~4, 5~6, 중등 1~2학년)

▲ SW 정보영재 영재성검사
창의적 문제해결력 모의고사 시리즈
(초등 3~4, 초등 5~중등 1학년)

최종 마무리 대비

- 실제 시험지 형태로 실전 감각 익히기

◀ 스스로 평가하고 준비하는
대학부설 영재교육원
봉투모의고사 시리즈
(초등, 중등)

◀ 스스로 평가하고 준비하는
교육청 영재교육원
봉투모의고사 시리즈
(초등 3학년,
초등 4~5학년)

면접 대비

- 면접 기출문제와 예상문제로 면접 대비
- 자신만의 답변을 글로 정리하고, 말로 표현하는 연습 필수

◀ 안쌤과 함께하는 영재교육원 면접 특강

※ 도서의 구성과 이미지는 바뀔 수 있습니다.

이 책의 구성과 특징

창의사고력 실력다지기

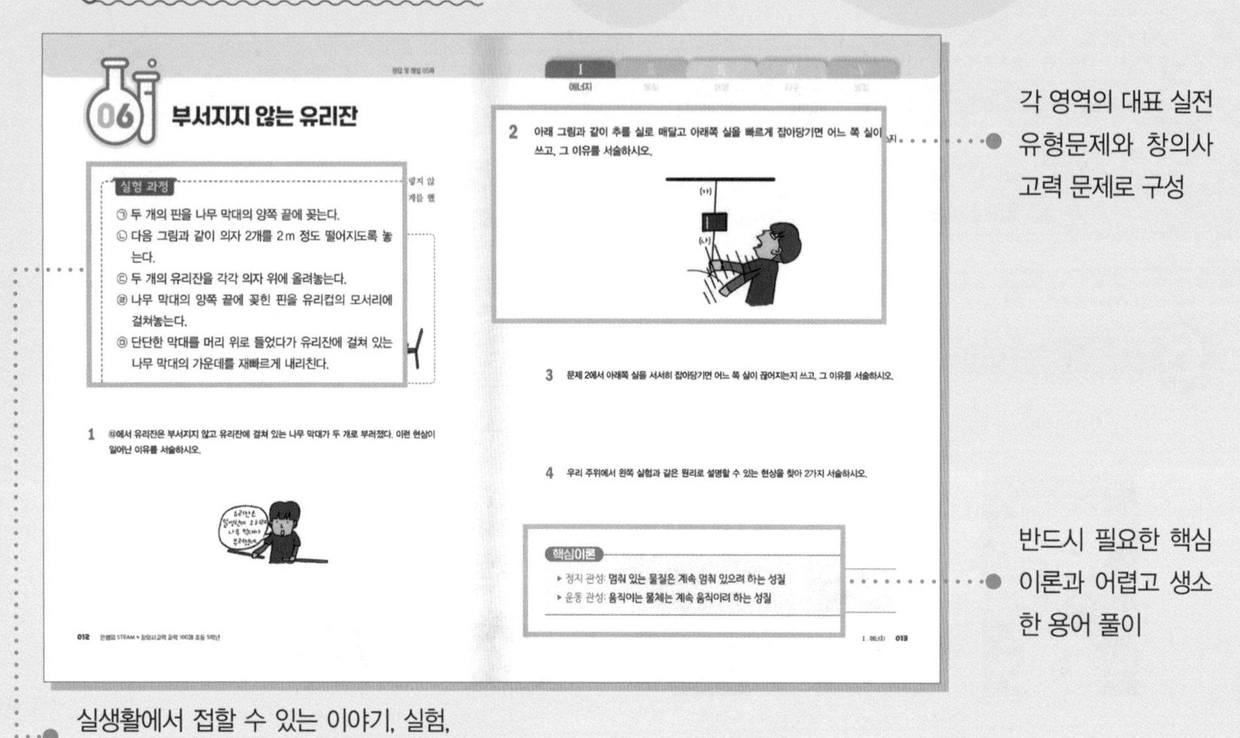

각 영역의 대표 실전 유형문제와 창의사고력 문제로 구성

반드시 필요한 핵심 이론과 어렵고 생소한 용어 풀이

실생활에서 접할 수 있는 이야기, 실험, 신문기사 등을 이용해 흥미 유발

영재성검사 창의적 문제해결력 검사 기출문제

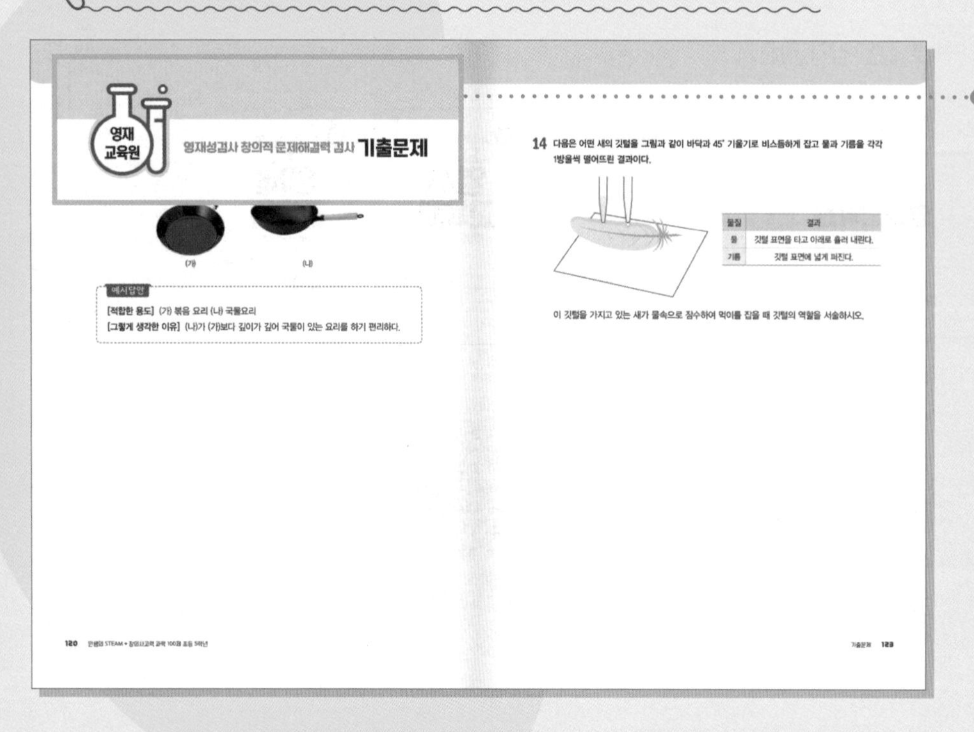

- 교육청·대학·과학고 부설 영재교육원 영재성검사, 창의적 문제해결력 검사 최신 기출문제 수록
- 영재교육원 선발 시험의 문제 유형과 출제 경향 예측

이 책의 차례

창의사고력 실력다지기

안쌤의

STEAM
+ 창의사고력
과학 100제

I

에너지

주변에서 볼 수 있는 과학 현상

과학을 좋아하는 아현이가 주변에서 볼 수 있는 여러 가지 과학 현상을 적어 보니 다음과 같았다. 물음에 답하시오.

㉠ 빵 반죽을 가열하면 부풀어 오른다.
㉡ 물이 끓으면 주전자 뚜껑이 들썩거린다.
㉢ 입으로 풍선에 바람을 불어넣으면 커진다.

㉣ 자동차 바퀴는 겨울보다 여름에 팽팽하다.
㉤ 미역을 물에 담가 놓으면 5배 정도 불어난다.
㉥ 향수병을 열어 놓으면 방 안에 향수 냄새가 가득 퍼진다.
㉦ 쭈그러든 풍선을 난롯불 가까이 가져가면 부풀어 오른다.

㉧ 구리선의 한쪽 끝을 불로 달구면 반대쪽 끝도 뜨거워진다.
㉨ 물속에 잉크 한 방울을 떨어뜨리면 물 전체의 색이 변한다.
㉩ 설탕을 가열하여 녹인 다음 식용 소다를 넣으면 부풀어 오른다.
㉪ 물을 가득 담아 뚜껑을 닫고 냉동실에 넣어 얼렸더니 병이 깨졌다.
㉫ 난로를 피우면 난로 위의 공기가 데워져 올라갔다가 순환하여 교실 전체를 데운다.

1 **아현이가 적은 과학 현상 중 물질의 상태가 변하여 생기는 현상을 모두 고르고, 각각 어떤 상태 변화가 일어나는지 쓰시오.**

2 화학반응으로 생기는 현상을 모두 고르고, 그 화학반응으로 생성되는 기체는 무엇인지 각각 쓰시오.

3 '지구는 태양열로 인해 뜨거워진다.'는 무슨 현상인가? 이 현상과 비슷한 원리로 되어 있는 현상을 모두 고르고, 각각 어떤 현상인지 서술하시오.

4 ㉦과 같은 현상이 일어나는 이유는 무엇인가? 비슷한 현상인 것을 모두 고르시오.

5 확산에 대해서 간단히 서술하고, 확산의 예를 모두 고르시오.

핵심이론

- 물질의 상태: 고체, 액체, 기체
- 상태 변화: 물질의 세 가지 상태 중 어느 상태에서 다른 상태로 변화하는 것
- 화학반응: 한 가지 혹은 여러 가지 물질이 어떤 작용으로 새로운 물질로 변하는 일

온돌과 보일러의 난방 원리

다음은 옛날 우리나라의 온돌과 오늘날 보일러의 구조 및 난방 원리에 관한 설명이다. 물음에 답하시오.

(가) 온돌: 아궁이에 불을 때면 방고래를 통해 더운 열기가 보내져 방바닥 밑에 돌로 만들어진 구들장이 달구어지고, 구들장에 저장된 열이 방출되면서 방 안이 따뜻하게 된다.

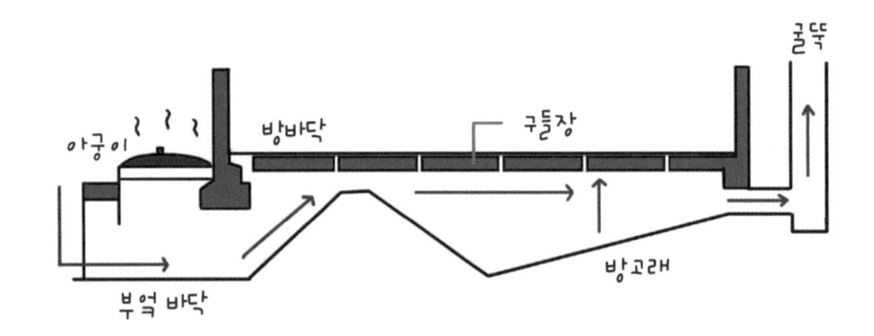

(나) 보일러: 보일러의 버너로 물을 가열한 후 콘크리트 바닥에 깔린 파이프 사이로 데워진 물을 순환시켜 파이프 주변의 바닥재(콘크리트, 흙, 모래 등)에 전달되고, 그 열이 방출되면서 방 안이 따뜻하게 된다.

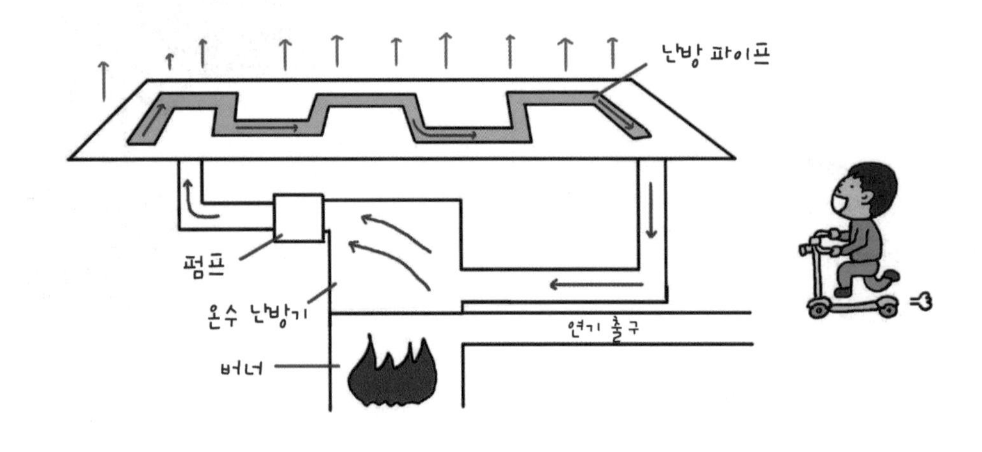

1 온돌과 보일러의 난방 구조를 비교하여 온돌의 장점과 단점을 각각 2가지씩 서술하시오.

2 온돌과 보일러가 방 안을 따뜻하게 해 준다는 것을 증명할 수 있는 실험을 설계하고자 한다. 생활 속에서 쉽게 구할 수 있는 재료들을 이용하여 실험을 설계하고 다음 표를 완성하시오.

실험 제목	
가설	
실험 방법	
실험 결과	

핵심이론

- ▸ 방고래: 방의 구들장 밑으로 나 있으며 불길과 연기가 통하여 나가는 길
- ▸ 구들장: 방고래 위에 놓아 방바닥을 만드는 얇고 넓은 돌
- ▸ 아궁이: 방고래에 불을 넣거나 솥이나 가마에 불을 지피기 위해 만든 구멍

비커와 수조의 물의 온도가 다르면?

라임이는 비커에 80 ℃의 물을, 수조에는 20 ℃의 물을 넣고 비커를 수조 속에 넣은 후 다음 그림과 같이 수조와 비커에 각각 온도계를 꽂았다. 잠시 후 시간에 따른 물의 온도 변화를 관찰한 결과를 표로 나타내었더니 다음과 같았다. 물음에 답하시오.

경과한 시간(분)	0	1	2	3	4	5	6	7
비커 속의 물의 온도(℃)	80	66	56	48	44	42	40	40
수조 속의 물의 온도(℃)	20	27	32	36	38	39	40	40

1 라임이는 비커와 수조 속의 물의 온도가 80 ℃와 20 ℃의 중간인 50 ℃에서 같아질 것으로 예상했지만 결과는 40 ℃에서 같아졌다. 그 이유를 서술하시오.

2 비커와 수조 속의 물의 온도가 50 ℃에서 같아지게 하려고 한다. 가능한 방법을 4가지 서술하시오.

3 만약 비커와 수조를 계속 공기 중에 두었다면 물의 온도는 어떻게 되는지 쓰고, 그 이유를 서술하시오.

핵심이론

- 열의 이동: 열은 온도가 높은 곳에서 낮은 곳으로 이동한다.
- 열평형: 온도가 서로 다른 물체를 접촉시켰을 경우에, 열이 흐르다가 같은 온도가 되는 순간 열의 흐름이 정지되는 상태
- 예상: 어떤 일을 직접 당하기 전에 미리 생각하여 둠 또는 그런 내용

04 혓바닥에 얼음이 붙는 이유

과학을 좋아하는 승우는 식탁 위에 놓인 얼음들을 보고 얼음을 이용한 여러 가지 실험을 했다. 물음에 답하시오.

1 승우는 알루미늄 호일과 담요에 각각 얼음 2개를 싸두었다. 잠시 후 얼음을 확인하면 어떤 변화를 확인할 수 있는지 쓰고, 그 이유를 서술하시오.

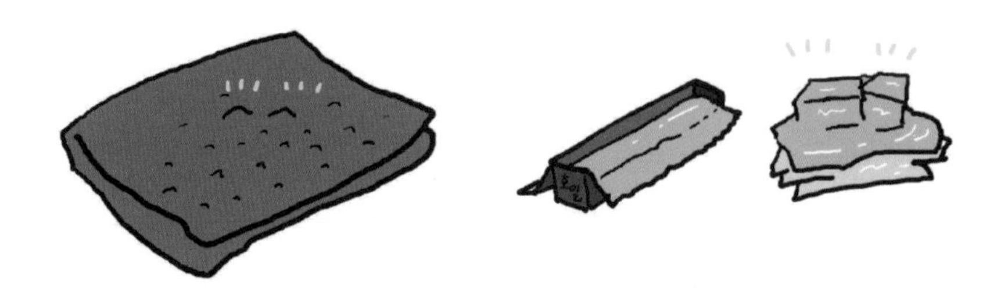

2 승우가 얼음을 혓바닥에 올려놓았더니 체온에 의해 녹을 것 같던 얼음이 혓바닥에 달라붙었다. 이런 변화가 일어나는 이유를 서술하시오.

핵심이론

▶ 알루미늄 호일(알루미늄 포일): 알루미늄을 아주 얇게 늘여 만든 판이다. 부식이나 침식을 잘 견디는 성질인 내식성이 뛰어나고 인체에 해가 없어서 포장 재료, 단열재 등으로 쓴다.

▶ 담요: 순수한 털이나 털에 솜을 섞은 것을 굵게 짜거나 두껍게 눌러서 만든 요

바둑알을 떨어뜨린 이유

병희와 성경이는 등산 중에 이정표가 없는 두 갈래 갈림길을 만났다. 고민 끝에 일단 오른쪽을 선택했고, 혹시 잘못 들어선 길이라면 다시 돌아가기 위해 바둑알을 일정한 시간 간격으로 한 개씩 떨어뜨렸다. 바둑알이 떨어진 간격은 아래 그림과 같았다. 물음에 답하시오.

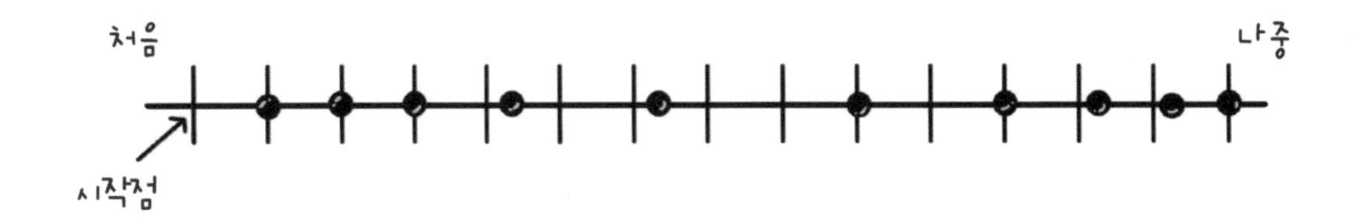

1 갈림길에서부터 나중까지 병희와 성경이의 걷는 속력은 어떻게 변했는지 서술하시오.

2 만약 병희가 10초에 바둑알을 한 개씩 떨어뜨렸고, 걷는 속력이 왼쪽 그림과 같았다. 병희와 성경이가 1.4 km 떨어진 곳까지 가는 데 바둑알은 몇 개가 필요한지 구하시오.

(단, 왼쪽 그림에서 눈금 하나 사이의 거리는 5 m이다.)

핵심이론

▸ 속력: 물체의 빠르기

- 같은 시간 동안 많이 이동한 물체가 속력이 빠르다.
- 속력 $= \dfrac{\text{이동한 거리}}{\text{걸린 시간}}$

▸ 1 km=1000 m, 1 m=100 cm, 1 cm=10 mm

부서지지 않는 유리잔

과학 수업 시간에 선생님께서 물체에 힘을 가하면 대부분 약한 곳이 먼저 부서지지만 그렇지 않은 경우도 있다고 하셨다. 유찬이는 이를 실험으로 확인하기 위해 다음과 같이 실험 설계를 했다. 물음에 답하시오.

실험 과정

㉠ 두 개의 핀을 나무 막대의 양쪽 끝에 꽂는다.
㉡ 다음 그림과 같이 의자 2개를 2 m 정도 떨어지도록 놓는다.
㉢ 두 개의 유리잔을 각각 의자 위에 올려놓는다.
㉣ 나무 막대의 양쪽 끝에 꽂힌 핀을 유리컵의 모서리에 걸쳐놓는다.
㉤ 단단한 막대를 머리 위로 들었다가 유리잔에 걸쳐 있는 나무 막대의 가운데를 재빠르게 내리친다.

1 ㉤에서 유리잔은 부서지지 않고 유리잔에 걸쳐 있는 나무 막대가 두 개로 부러졌다. 이런 현상이 일어난 이유를 서술하시오.

2 아래 그림과 같이 추를 실로 매달고 아래쪽 실을 빠르게 잡아당기면 어느 쪽 실이 끊어지는지 쓰고, 그 이유를 서술하시오.

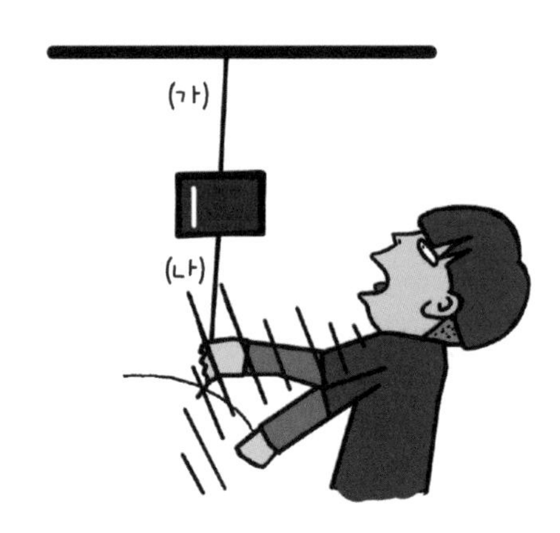

3 문제 2에서 아래쪽 실을 서서히 잡아당기면 어느 쪽 실이 끊어지는지 쓰고, 그 이유를 서술하시오.

4 우리 주위에서 왼쪽 실험과 같은 원리로 설명할 수 있는 현상을 찾아 2가지 서술하시오.

핵심이론

▸ 정지 관성: 멈춰 있는 물질은 계속 멈춰 있으려 하는 성질
▸ 운동 관성: 움직이는 물체는 계속 움직이려 하는 성질

버스에서 헬륨 풍선은 어떻게 움직일까?

버스를 타고 학교에 가던 승현이는 버스가 급정거해서 몸이 앞으로 쏠렸다. 이 현상을 알아보기 위해서 그림 (가)와 같이 금속구를 버스 천장에 가느다란 실로 매달고, 그림 (나)와 같이 헬륨이 든 풍선을 버스의 바닥에 연결한 실에 매달았다. 물음에 답하시오.

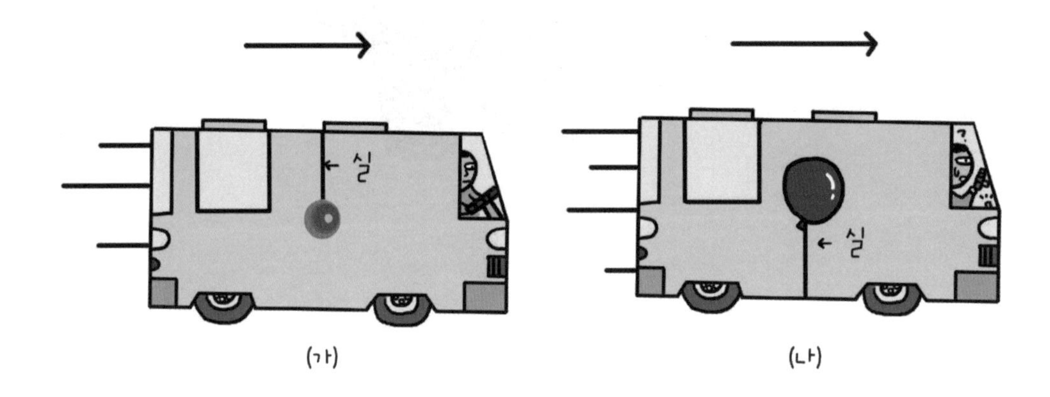

1 그림 (가)에서 버스가 오른쪽으로 급출발하면 금속구는 어떻게 움직이는지 쓰고, 그 이유를 서술하시오.

2 그림 (나)에서 오른쪽으로 달리던 버스가 급정거하면 헬륨이 든 풍선은 어떻게 움직이는지 쓰고, 그 이유를 서술하시오.

핵심이론

- 급정거: 자동차, 기차 등의 이동수단이 갑자기 서는 것으로, 급정차라고도 한다.
- 헬륨: 공기 가운데 아주 적은 양이 들어 있는 무색무취의 비활성 기체로 수소 다음으로 가벼우며, 다른 원소와 화합하지 않고 화학적으로 안정되어 있다. 기구용 기체나 초저온용 냉매 등으로 쓰인다.
- 급출발: 자동차, 기차 등의 이동수단이 갑자기 출발하는 것이다.

야구방망이를 잘 세우는 방법

유준이는 막대기를 손 위에 올려놓고 쓰러지지 않도록 하는 놀이를 하면서 '어떻게 하면 더 잘 세울 수 있을까?'란 의문이 생겼다. 물음에 답하시오.

1 야구방망이를 다음 그림과 같이 두 가지의 경우로 세워 보면 어느 경우가 더 쉬운지 고르고, 그 이유를 서술하시오.

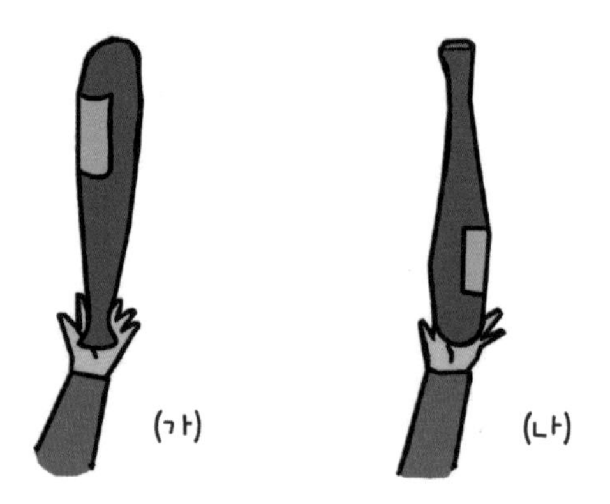

2 미터자 2개를 준비하여 그중 한 개의 끝에만 칠판지우개를 매단 후, 다음 그림과 같이 세운 후 동시에 놓았다. 어느 쪽이 먼저 넘어지는지 고르고, 그 이유를 서술하시오.

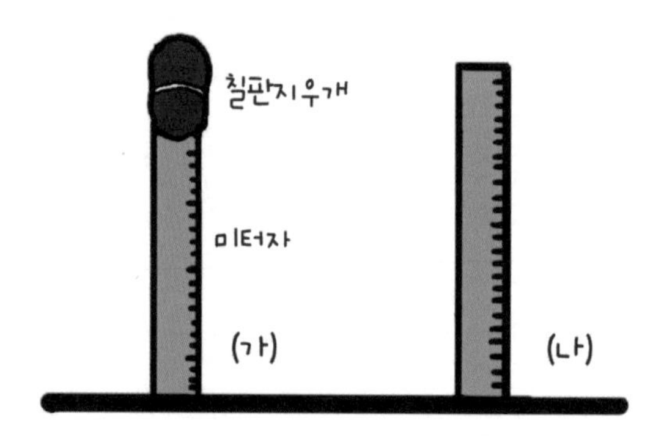

3 긴 종이와 짧은 종이를 이용하여 다음 그림과 같이 종이를 세로로 한 번 접어서 세우려고 한다. 어느 쪽이 세우기 더 쉬운지 고르고, 그 이유를 서술하시오.

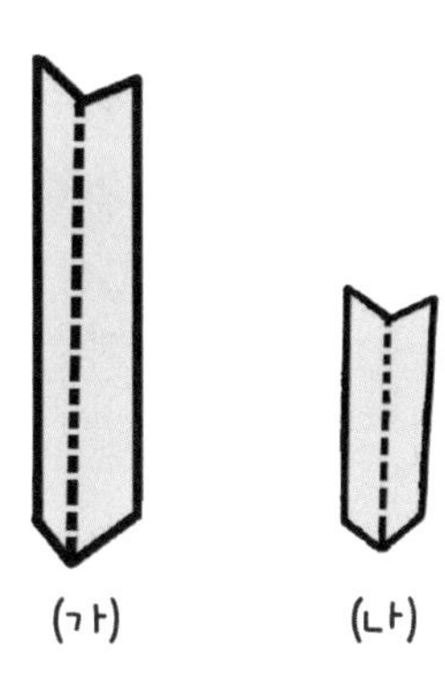

4 문제 3에서 종이를 세로로 접으면 더 잘 세울 수 있다. 그 이유를 서술하시오.

5 유준이가 만약 잘 세울 수 있는 막대기를 제작한다면 어떻게 하면 좋을지 서술하시오.

핵심이론

- 무게중심: 질량의 중심, 물체의 모든 무게가 모여 있다고 생각하는 물체 내의 점
- 막대기: 가늘고 기다란 나무나 대나무의 토막

어느 실패를 당기면 끌어올 수 있을까?

예은이는 멀리 떨어져 있는 실패를 실패에서 풀려져 있는 실을 당겨서 끌어오려고 한다. 만약 다음 그림과 같이 두 가지 형태로 실패에 실이 연결되어 있다고 하면 어느 실패를 당겼을 때 실패를 끌어올 수 있을까? 물음에 답하시오.

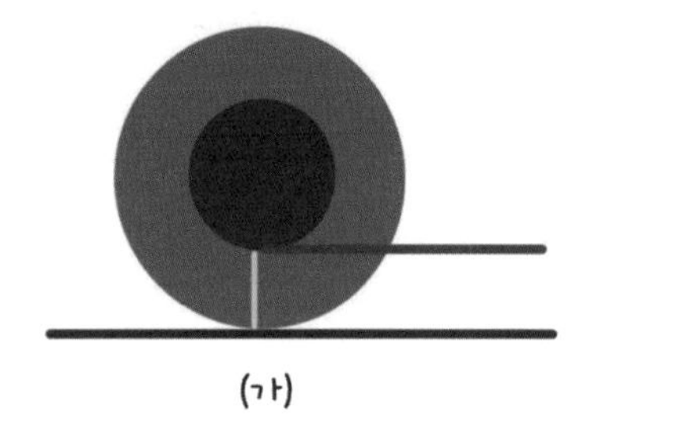

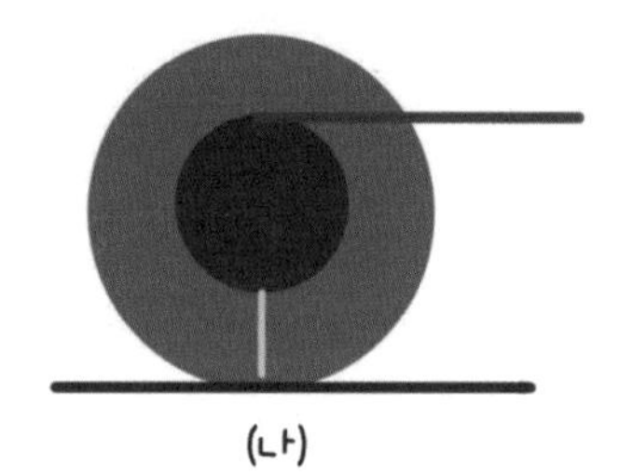

1 그림 (가)와 같이 실패의 아래쪽에 실이 연결되어 있을 때 수평으로 실을 잡아당기면 실패는 어느 방향으로 구르는지 쓰고, 그 이유를 서술하시오.

2 그림 (나)와 같이 실패의 위쪽에 실을 연결하고 수평으로 실을 잡아당기면 실패는 어느 방향으로 구르는지 쓰고, 그 이유를 서술하시오.

핵심이론

- 도르래도 지레와 같이 힘점, 받침점, 작용점을 가지고 있다.
- 실패: 반짇고리 중 하나로, 바느질할 때 쓰기 편하도록 실을 감아 두는 작은 도구

과속 방지 카메라에 찍히지 않는 방법

예준이는 가족과 함께 자가용을 타고 고속도로를 이동하다가 과속 방지 카메라를 보고 여러 가지 의문이 생겼다. 물음에 답하시오.

1 예준이는 과속 방지 카메라의 원리를 알아보기 위해 여러 가지 자료를 통해 다음과 같은 그림을 그렸다. 과속 방지 카메라의 원리를 서술하시오.

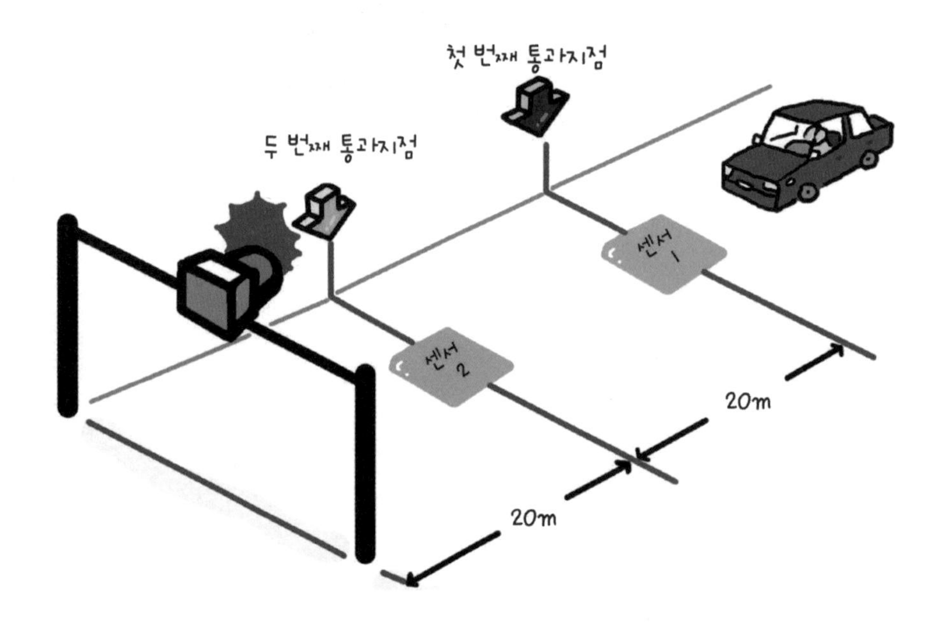

2 과속 방지 카메라에 찍히지 않으려면 과속을 하지 않으면 된다. 만약 과속을 하다가 과속 방지 카메라에 찍히지 않으려면 어떻게 하면 되는지 서술하시오.

(단, 사고가 발생하지 않는 범위 내에서 생각해 본다.)

핵심이론

- ▸ 과속: 자동차 등의 주행 속도를 아주 빠르게 함 또는 그 속도
- ▸ 고속도로: 자동차의 빠른 통행을 위하여 만든 자동차 전용 도로

안쌤의

STEAM
+ 창의사고력
과학 100제

II

물질

코코아가 차가운 물에서 잘 녹지 않는 이유

코코아가 뜨거운 물에서는 잘 녹지만 차가운 물에서는 잘 녹지 않는 것을 보고 여러 가지 의문이 생긴 규리는 실험을 통해 알아보고 싶었다. 그래서 과학 실험실에 있는 실험 재료들 중에서 다음과 같은 실험 준비물을 준비하고 실험을 설계했다. 물음에 답하시오.

준비물

비커, 삼발이, 알코올램프, 막대, 실, 백반, 유리 막대

실험 과정

㉠ 비커에 $\frac{2}{3}$정도 물을 채운다.
㉡ 비커를 삼발이 위에 올려놓고 알코올램프로 가열한다.
㉢ 가열되는 비커에 백반을 조금씩 넣으면서 유리 막대로 젓는다.
㉣ 비커의 용액이 끓으면 가열을 멈추고 백반이 물에 더 이상 녹지 않을 때까지 녹인다.
㉤ 백반 한 덩어리를 실로 묶은 후 막대의 중간에 묶어 비커 위에 걸쳐 놓는다.
㉥ 시간이 지남에 따라 백반 덩어리가 어떻게 되는지 관찰한다.

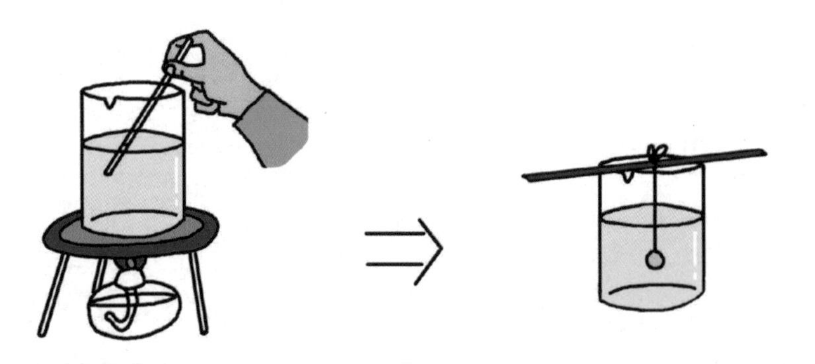

1 ㉣에서 백반이 물에 더 이상 녹지 않을 때까지 녹인 용액을 무엇이라고 하는지 쓰고, 이 상태에서는 어떤 현상이 일어나고 있는지 서술하시오.

2 ㉥의 결과는 어떻게 되는지 서술하시오.

핵심이론

- ▸ 온도가 올라갈수록 용매에 녹는 용질의 양이 증가한다.
- ▸ 용매: 용질을 녹이는 물질
- ▸ 용질: 용매에 녹아 들어가는 물질

갈증이 나면 탄산음료를 먹고 싶은 이유

정범이는 더운 여름날 갈증이 나면 콜라나 사이다로 갈증을 해소하려고 한다. 시원한 느낌과 함께 톡 쏘는 맛이 갈증을 풀어주기 때문이다. 물음에 답하시오.

1 정범이는 콜라나 사이다와 같은 탄산음료를 마시면 시원한 맛이 나는 이유를 탄산음료에 무엇이 들어있기 때문이라고 생각했다. 탄산음료에 들어있는 것을 쓰시오.

2 김빠진 콜라나 사이다를 먹으면 시원한 맛이 덜 느껴진다. 탄산음료에 들어 있는 것이 어떻게 시원한 맛을 나게 하는지 서술하시오.

핵심이론

▸ 갈증: 몸 안에 수분이 부족해 수분을 섭취하고 싶어하는 상태

▸ 음료: 액체를 많이 포함하여 마실 수 있는 음식

콜라가 넘치지 않는 콜라 마술

주형이가 자동판매기에서 콜라를 산 후 바로 캔 뚜껑을 따자 거품이 튀어 올라 손과 옷이 젖었다. 이것을 본 주형이는 정범이에게 다음과 같은 콜라 마술을 보여 주었다. 물음에 답하시오.

콜라 마술

㉠ 자동판매기에서 콜라 2캔을 산 후, 그 중 캔 1개를 정범이에게 여러 번 흔들어 보게 한다.
㉡ 그 상태에서 캔 뚜껑을 따면 콜라가 분수처럼 뿜어져 나올 것이다.
㉢ 다른 캔 1개를 정범이에게 여러 번 흔들어 보게 한다.
㉣ 그 상태에서 정범이의 코를 만져 기를 모으게 한 다음, 그 손가락으로 캔을 몇 번 두드린다.
㉤ 그리고 나서 캔 뚜껑을 따면 콜라가 분수처럼 뿜어져 나오지 않는다.

1 자동판매기에서 콜라를 산 후 바로 캔 뚜껑을 따면 콜라가 넘치는 이유를 서술하시오.

2 콜라 마술에서 한 것처럼 캔을 두드릴 때 콜라가 넘치지 않는 이유를 서술하시오.

3 콜라 마술과 다른 방법으로 콜라가 넘치지 않게 캔 뚜껑을 따는 방법을 쓰고, 그 원리를 서술하시오.

핵심이론

▸ 거품: 액체가 기체를 머금고 부풀어서 생긴 속이 빈 방울

▸ 최초의 자동판매기로 알려져 있는 것은 기원전 215년 고대 이집트의 신전에 있던 성수 자판기이다.

톡톡 쏘면서 달콤한 사이다를 만드는 방법

하라는 과학 시간에 약간의 구연산과 설탕, 탄산수소 나트륨을 구해 사이다 만들기 실험을 했다. 하라는 단맛이 많이 나는 사이다를 만들기 위해 설탕을 계속 넣었는데 어느 정도 넣었더니 설탕이 더 이상 녹지 않고 컵 아래쪽에 가라앉는 것을 볼 수 있었다. 그래서 과학 시간에 배운 대로 계속 저어 주었지만 효과가 별로 없었다. 순간 과학 시간에 일정한 양의 물에 녹는 물질의 양이 정해져 있다는 것을 배운 것이 기억이 난 하라는 과학사전에서 일정한 물에 녹는 물질의 정확한 양을 찾아보았더니 다음 표와 같았다. 물음에 답하시오.

〈물 100 g에 녹는 물질의 최대 g 수〉

물질 \ 온도	0 ℃	20 ℃	40 ℃	100 ℃
소금	35.7 g	36.0 g	36.6 g	39.8 g
설탕	179.2 g	203.9 g	238.1 g	487.2 g
붕산	2.66 g	5.04 g	8.72 g	40.25 g
황산구리	14.9 g	20.0 g	29.5 g	73.5 g
이산화 탄소	0.348 g	0.173 g	0.097 g	−
산소	0.0049 g	0.0043 g	0.0033 g	−

1 하라는 물의 온도가 높아질수록 설탕이 많이 녹는다는 것을 알고 물을 끓여 설탕을 넣었다. 그리고 나서 구연산과 탄산수소 나트륨을 넣었더니 톡톡 쏘는 사이다가 아닌 그냥 단맛의 설탕 맛만 나는 사이다를 만들게 되었다. 위의 표를 이용하여 그 이유를 서술하시오.

2 톡톡 쏘면서 달콤한 사이다를 만들기 위해서는 어떻게 해야 하는지 서술하시오.

3 소금, 설탕처럼 고체가 온도에 따라 녹는 양과 이산화 탄소, 산소처럼 기체가 온도에 따라 녹는 양을 비교하고, 그 이유를 서술하시오.

핵심이론

- 황산구리가 메탄올에서는 조금 녹지만 에탄올에서는 녹지 않는다.
- 구연산: 귤이나 레몬 등의 과일에서 발견되는 유기산으로, 시트르산이라고도 한다.
- 설탕: 사탕수수나 사탕무에서 얻은 원당을 정제공장에 투입하여 만든 천연 감미료

소금은 아세톤과 어떤 반응을 할까?

주은이는 소금과 시트르산이 아세톤과 어떤 반응을 하는지 알아보기 위해 다음과 같은 실험을 설계했다. 물음에 답하시오.

실험 과정

㉠ 2개의 헝겊 주머니에 각각 소금과 시트르산을 넣는다.
㉡ 2개의 비커에 같은 양의 아세톤을 넣는다.
㉢ 소금과 시트르산을 넣은 헝겊 주머니를 두 비커에 각각 넣고 비커 안의 변화를 관찰한다.

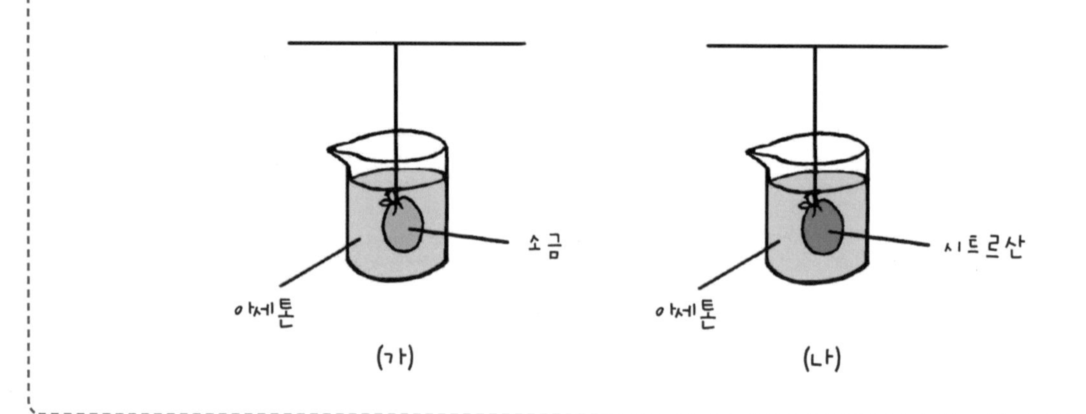

1 실험 결과 비커 (가)의 헝겊 주머니 속 소금의 양은 시간이 지남에 따라 어떻게 변하는지 그래프로 나타내고, 그렇게 생각한 이유를 서술하시오.

2 실험 결과 비커 (나)의 헝겊 주머니 속 시트르산의 양은 시간이 지남에 따라 어떻게 변하는지 그래프로 나타내고, 그렇게 생각한 이유를 서술하시오.

핵심이론

- 시트르산: 레몬이나 밀감 등의 과실 속에 들어 있는 산의 하나로, 무색무취의 결정체이다. 물과 알코올에 잘 녹고 신맛이 있으며 청량음료, 의약, 염색 등에 쓴다.
- 아세톤: 독특한 냄새가 있는 무색투명한 휘발성 액체로, 물이나 유기 용매에 잘 녹으며 불이 잘 붙는 성질이 있다.

결정이 석출되지 않는 과포화 상태

규현이는 과학 실험 도서를 읽다가 다음과 같은 실험을 보고 여러 가지 의문이 생겼다. 물음에 답하시오.

> 아세트산 나트륨을 따뜻한 물에 충분히 녹인 후 용액의 온도를 낮추면 포화 상태(용질이 더 녹을 수 없는 상태)에 도달하게 되고, 온도를 더 낮추면 과포화 상태(용해도 이상의 용질이 녹아 있는 상태)에 이르므로 결정이 석출된다. 그러나 (가) 온도를 아주 서서히 낮추면 과포화 상태임에도 불구하고 결정이 석출되지 않는다. 이때 (나) 아주 적은 양의 아세트산 나트륨 가루를 첨가하면 갑자기 결정이 석출되는 것을 볼 수 있다.

1 위의 실험 과정에서 밑줄 친 (가)와 같은 현상이 일어나는 이유를 서술하시오.

2 위의 실험 과정에서 밑줄 친 (나)와 같은 현상이 일어나는 이유를 서술하시오.

3 문제 2와 같은 원리에 해당하는 것을 다음 보기에서 모두 고르시오.

보기

ㄱ. 구름에 아이오딘화 은 입자를 태워서 뿌리면 비가 온다.
ㄴ. 눈이 쌓인 도로에 염화 칼슘을 뿌리면 도로가 얼지 않는다.
ㄷ. 물을 끓일 때 끓임쪽을 넣으면 물이 갑자기 끓어 넘치지 않는다.
ㄹ. 수증기가 많이 포함된 공기가 찬 지역으로 이동하면 안개가 생긴다.

길이 너무 미끄러워
안쌤 버스

핵심이론

- 포화 상태: 일정한 조건에서 어떤 물질이 용매에 용해될 수 있는 만큼 용해되어 더 이상 용해되지 않는 상태
- 과포화 상태: 용액이 어떤 온도에서의 용해도에 상당하는 양보다 많은 양의 용질을 포함하고 있는 상태
- 끓임쪽: 액체가 갑자기 끓어오르는 것을 막기 위해 넣는 돌이나 유리 조각

물 중앙에 각설탕을 올려 놓으면?

과학 실험을 좋아하는 상구는 다음 그림과 같이 물을 채운 둥근 쟁반 위에 이쑤시개 6개를 가장 자리에 일정한 간격으로 올려놓고, 각설탕 1개를 중앙에 올려놓았다. 물음에 답하시오.

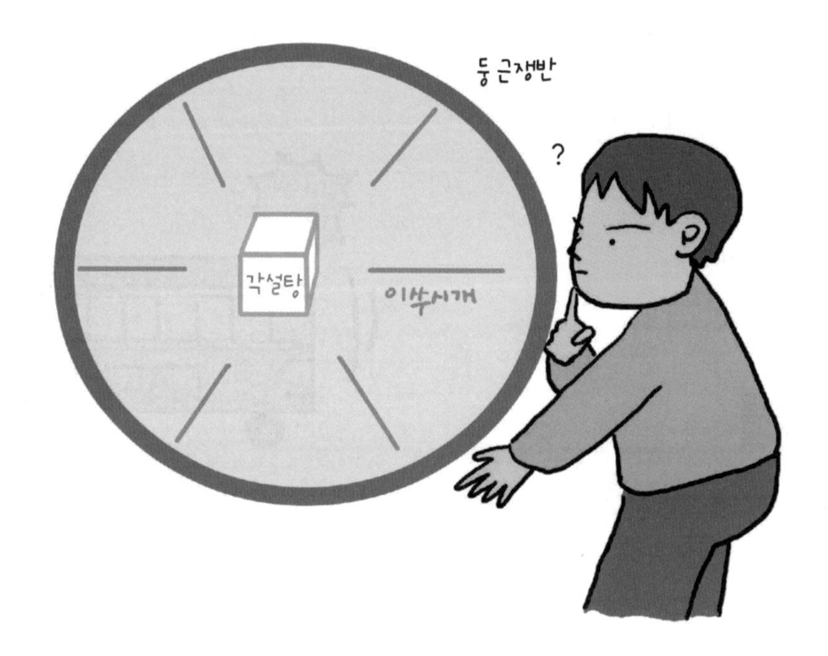

1 잠시 후 물 중앙에 올려놓은 각설탕은 어떻게 되는지 서술하시오.

2 문제 1과 같이 각설탕이 변하면 이쑤시개는 어떻게 되는지 서술하시오.

3 상구는 문제 2와 같은 현상이 나타나는 이유가 무엇인지 의문이 생겼다. 그 이유를 서술하시오.

핵심이론

- ▸ 각설탕: 직육면체 모양으로 만든 설탕
- ▸ 이쑤시개: 잇새에 낀 것을 쑤셔 파내는 데에 쓰는 물건으로, 보통 나무의 끝을 뾰족하게 하여 만든다.

18 붉은색 분수를 생기게 하는 방법

서아는 재미있는 과학 실험 책을 보다가 다음과 같은 실험을 보고 여러 가지 의문이 생겼다. 물음에 답하시오.

실험 과정

㉠ 실험을 편리하게 하기 위해 링을 스탠드에 고정시킨다.
㉡ 비커 500 mL에 물을 넣고 붉은색 색소를 넣어 섞는다.
㉢ 둥근 플라스크를 뜨거운 물로 데워 에탄올을 3~4방울 떨어뜨린다.
㉣ 끝이 뾰족한 유리관을 끼운 고무마개를 둥근 플라스크에 끼운 다음 거꾸로 하여 링에 끼우고 유리관 끝이 비커의 바닥에 닿도록 한 후 이를 관찰한다.

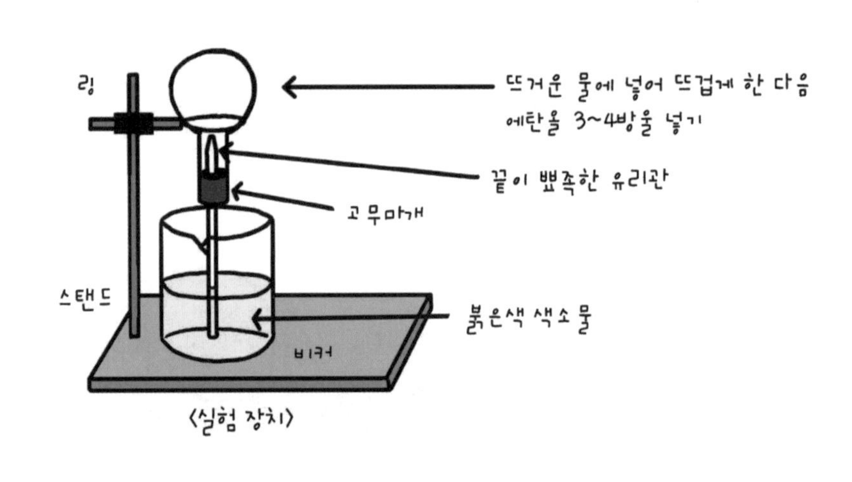

〈실험 장치〉

1 위의 실험 과정 ㉣에서 시간이 지나면 둥근 플라스크 안의 압력이 어떻게 변하는지 서술하시오.

2 문제 1과 같은 변화가 생기는 이유를 2가지 서술하시오.

3 왼쪽의 실험 과정 ㉣에서 시간이 지나면 붉은색 색소물이 유리관을 통하여 올라가 둥근 플라스크 안으로 들어간다. 붉은색 색소물이 둥근 플라스크 안으로 더 빠르게 올라가 붉은색 분수가 생기게 할 수 있는 방법을 2가지 서술하시오.

핵심이론

▸ 플라스크: 목이 길고 몸은 둥글게 만든 화학 실험용 유리병으로, 둥근 바닥 플라스크, 넓적바닥 플라스크, 삼각 플라스크 등이 있다.

암모니아 실험

민규에게 영재교육원 선생님은 다음과 같은 준비물로 실험을 설계하도록 하셨다. 물음에 답하시오.

준비물

암모니아수, 페놀프탈레인 용액, 둥근 플라스크, 스탠드, 둥근 플라스크에 맞는 링, 얼음물, 뜨거운 물, 비커, 고무마개, 끝이 뾰족한 유리관, 장갑

실험 과정

㉠ 링을 스탠드에 고정시킨다.

㉡ 500 mL 비커에 차가운 얼음물을 넣고, 페놀프탈레인 용액을 5~6방울 정도 떨어뜨린다.

㉢ 둥근 플라스크를 뜨거운 물로 데워 암모니아수를 1~2방울 정도 떨어뜨린다. 이때 물이 뜨거우므로 장갑을 끼고 실험한다.

㉣ 끝이 뾰족한 유리관을 끼운 고무마개를 둥근 플라스크에 끼운 다음 거꾸로 하여 링에 끼우고, 유리관 끝이 비커의 바닥에서 약간 떨어지게 조절한 후 관찰한다.

1 페놀프탈레인 용액은 암모니아수와 반응하면 어떻게 되는지 서술하시오.

2 ㉣에서 일어나는 변화를 서술하시오.

3 페놀프탈레인 용액을 대체할 수 있는 지시약은 무엇이 있으며, 그 지시약을 사용했을 때 실험 결과는 어떻게 되는지 서술하시오. (단, 암모니아수는 그대로 사용한다.)

핵심이론

▸ 지시약: 물체가 산성인지 염기성인지 구분해 주는 시약

▸ 페놀프탈레인 용액: 지시약의 한 종류로 염기성에서 붉은색으로 변한다.

투명한 물이 붉은색으로 변하는 신기한 마술

영목이는 TV를 보다가 다음과 같은 신기한 마술을 보게 되었다. 물음에 답하시오.

마술사는 탁자 위에 3개의 유리컵을 올려놓았는데, 2개의 유리컵에는 물이 들어 있고, 1개의 유리컵은 비어 있었다. 마술사가 물이 든 유리컵 하나를 들고 "포도주로 변해라."하고 주문을 외운 후 빈 유리컵에 물을 옮겨 붓는 순간 투명한 물이 포도주와 같은 붉은색으로 변했다. 이후 붉은색 액체가 들어 있는 컵을 들고 "다시 물로 변해라."하고 주문을 외운 뒤 투명한 물이 든 나머지 한 컵의 물을 부으니 붉은색이 없어지고 다시 투명한 액체로 변했다.

1 과학을 좋아하는 영목이는 3개의 유리컵에 미리 어떤 준비를 해 놓으면 마술사가 하는 것과 같은 마술을 할 수 있을 것 같았다. 3개의 유리컵을 어떻게 준비하면 되는지 서술하시오.

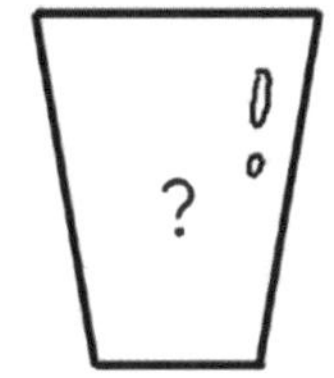

2 문제 1에서 이용한 과학적 원리를 서술하시오.

핵심이론

▸ 마술: 재빠른 손놀림이나 여러 가지 장치, 속임수 등을 써서 불가사의한 일을 하여 보이는 술법 또는 그런 구경거리

▸ 포도주: 포도의 즙을 원료로 하여 담근 술로, 원료인 포도의 종류에 따라 제조법, 맛, 빛깔 등이 다르다. 보통 백포도주, 적포도주, 연분홍 포도주로 크게 나눈다.

안쌤의

STEAM
+ 창의사고력
과학 100제

III

생명

남부 지방 식물을 북부 지방으로 옮기면?

정은이는 우리나라의 남부 지방과 북부 지방의 기후에서 자라는 식물을 조사하고, 잎의 모양을 서로 비교하여 다음과 같이 정리했다. 물음에 답하시오.

구분	기후	잎의 모양
남부 지방	기온이 높아 덥고 비가 많이 내린다.	잎이 넓다.
북부 지방	기온이 낮아 춥고 비가 적게 내린다.	잎이 좁다.

1 남부 지방과 북부 지방에서 자라는 식물의 잎의 모양은 서로 다르다. 그 이유를 서술하시오.

2 남부 지방에서 잘 자라는 식물을 북부 지방으로 옮겨 심는다면 잘 자랄 수 있겠는가? 그렇게 생각한 이유를 서술하시오.

핵심이론

- 기후: 일정한 지역에서 여러 해에 걸쳐 나타난 기온, 비, 눈, 바람 등의 평균 상태
- 기온: 땅으로부터 1.5 m 정도 높이에 있는 대기의 온도

철새들이 이동할 때 V자 대형으로 날아가는 이유

기러기 떼와 같이 먼 길을 옮겨 다니며 사는 철새들은 이동할 때 V자 대형을 이루며 날아간다. 다음은 철새가 V자 대형으로 이동할 때 선두, 중간, 후미 그룹에 있는 새들의 분당 날갯짓 횟수를 비교한 그래프이다. 물음에 답하시오.

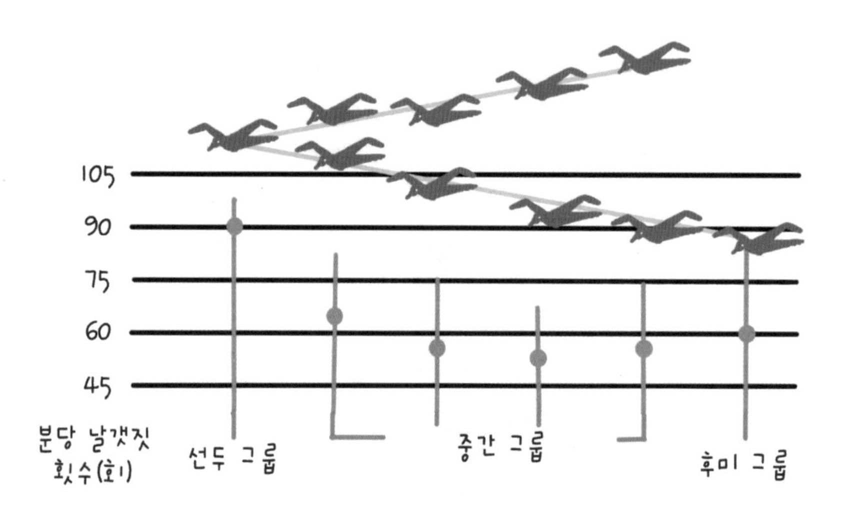

1 위의 그래프를 이용하여 먼 길을 옮겨 다니며 사는 철새들이 이동할 때 V자 대형으로 날아가는 이유를 서술하시오.

2 철새는 먼 길을 떠나기 전에 지방을 몸에 가득 채운다. 그 이유를 서술하시오.

3 철새들이 계절에 따라 이동하는 이유를 서술하시오.

핵심이론

- 철새: 계절에 따라 이리저리 옮겨 다니며 사는 새
- 지방: 상온에서 고체의 형태이며, 생물체에 함유되어 있다. 동물에서는 피하, 근육, 간 등에 저장되며, 에너지원이지만 몸무게가 느는 원인이 되기도 한다.

닭이 달걀을 품어도 깨지지 않는 이유

재우는 엄마의 심부름으로 달걀을 사서 깨지지 않게 조심스럽게 들고 오다가, '잘 깨질 것 같은 달걀도 닭이 품고 있으면 왜 깨지지 않을까?'라는 궁금증이 생겼다. 물음에 답하시오.

1 달걀의 껍질은 아주 가볍고 외부 충격에 약하지만 병아리를 만들기 위해 닭이 달걀을 품고 있으면 깨지지 않는다. 그 이유를 서술하시오.

2 달걀을 손바닥에 놓고 주먹을 쥐면서 힘을 주면 달걀이 잘 깨지지 않는다. 아주 큰 힘이 아니면 달걀이 잘 깨지지 않는 이유를 서술하시오.

핵심이론

- 달걀은 특별한 모양을 하고 있어 위에서 누르는 힘을 잘 퍼뜨린다.
- 압력은 단위 면적당 누르는 힘을 말한다.

나이테로 방향을 알 수 있는 방법

다음 그림은 잘린 나무줄기의 단면을 나타낸 것이다. 물음에 답하시오.

1 나이테의 모양을 통해 동서남북의 방향을 찾을 수 있다고 한다. 어떻게 알 수 있는지 서술하시오.

2 나이테의 모양을 관찰하면 나이테(원)의 간격이 넓기도 하고 좁기도 하다. 나이테의 간격이 좁다는 것으로 알 수 있는 사실을 서술하시오.

3 열대 지방에 사는 나무들 중에는 나이테가 없는 경우가 있다고 한다. 그 이유를 서술하시오.

핵심이론

▸ 나이테: 나무의 줄기나 가지 등을 가로로 자른 면에 나타나는 둥근 테두리로, 1년마다 1개씩 생기므로 그 나무의 나이를 알 수 있다.

▸ 열대 지방: 열대 기후에 속하는 고온 지방

달걀이 동그란 공 모양이 아닌 타원형인 이유

진우는 다음과 같은 여러 가지 새의 알들을 보고 의문이 생겼다. 물음에 답하시오.

1 처음 수정되었을 때의 알은 아주 동그란 공 모양이다. 그런데 달걀 등 여러 알들의 모양을 보면 보통 타원이거나 한쪽 끝이 뾰족한 것을 볼 수 있다. 이것은 환경에 적응한 것이라고 볼 수 있는데 이처럼 동물들이 환경에 적응한 예를 2가지 서술하시오.

2 진우는 '알이 동그란 공 모양이 아닌 타원이거나 한쪽 끝이 뾰족해서 이로운 점은 어떤 것이 있을까?'라는 의문이 생겼다. 이로운 점을 2가지 서술하시오.

핵심이론

▸ 수정: 암수의 생식 세포가 서로 하나로 합쳐지는 현상으로, 동물은 수컷의 정자를 암컷의 난자가 받아들여 새로운 개체를 이룬다.

▸ 적응: 생물이 주위 환경에 적합하도록 형태적 · 생리학적으로 변화하거나 또는 그런 과정

▸ 타원형: 길쭉하게 둥근 타원으로 된 평면 도형 또는 그런 모양

모기 물린 부위에 침을 바르면?

연우는 모기에 물렸더니, 물린 부위가 조금 따끔거리고 부어올랐다. 그러자 연우 어머니께서는 벌레에게 물리면 벌레의 침 속에 산성 물질이 들어 있기 때문이라고 하시면서 연우가 모기 물린 부위에 암모니아수를 바르셨다. 잠시 후 따끔거리던 것이 사라지고 부었던 부위가 가라앉았다. 물음에 답하시오.

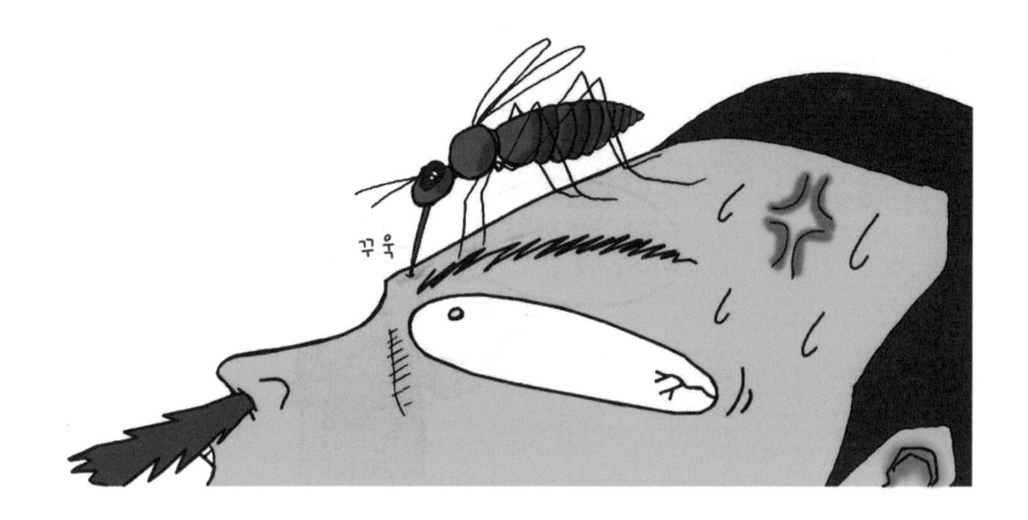

1 벌레에게 물린 부위에 암모니아수를 바르면 부어올랐던 부위가 차츰 가라앉는다. 그 이유를 서술하시오.

2 암모니아수가 없을 경우, 응급처치로 물린 부위에 침을 바르기도 한다. 침을 바르면 따끔거리던 자극이 줄어드는데 그 이유를 서술하시오.

3 문제 2와 같이 벌레 물린 부위에 침을 바르면 잠시 자극이 줄어들지만 오히려 상처가 커질 수도 있다고 한다. 그 이유를 서술하시오.

핵심이론

- 암모니아수: 암모니아를 물에 녹여 만든 액체로, 자극적인 냄새가 나며 알칼리성이다.
- 침: 동물의 입속에서 분비되는 소화액으로 녹말을 엿당으로 분해하는 효소(아밀라아제)를 가지고 있다.

냉장고에 넣어둔 빵에서 곰팡이가 생기는 이유

우연이는 냉장고에 넣어둔 빵을 먹으려고 냉장고 문을 열어보니 곰팡이가 생겨 있었다. 냉장고에 넣어두면 상하지 않을 것이라 생각했는데, 빵에 곰팡이가 생겨 있는 것을 확인한 우연이는 몹시 당황스러웠다. 물음에 답하시오.

1 **냉장고에 넣어둔 빵에서 곰팡이가 생기는 이유를 서술하시오.**

2 곰팡이나 미생물에 의해 음식물이 변하는 것을 부패 또는 발효라 하는데, 김치는 미생물을 이용한 대표적인 발효 식품이다. 빵에 곰팡이가 생기면 부패했다고 하고, 미생물에 의해 김치가 변하는 것은 발효했다고 한다. 그 이유는 무엇인지 서술하시오.

핵심이론

▸ 곰팡이는 스스로 양분을 만들지 못하기 때문에 다른 생물의 몸이나 양분이 있는 곳에 붙어 그 양분을 먹고 산다.

▸ 곰팡이는 햇빛이 비치지 않고 습기가 많은 곳에서 잘 자란다.

벌은 왜 밤새워 날개짓을 할까?

다음은 민호가 벌에 대한 과학 도서를 읽다가 의문이 생긴 부분을 나타낸 것이다. 물음에 답하시오.

5월에 꽃이 만발하면 벌들이 꿀을 모으기 위해 낮에는 열심히 꽃을 찾아 날아다니고, 밤이면 벌통 속에서 밤새워 날갯짓을 한다.

1 **벌들이 밤새워 날갯짓을 하고 난 다음날 아침에 꿀을 확인해 보면 전날 모은 꿀에 비해 꿀의 양이 많이 줄어있다고 한다. 그 이유를 서술하시오.**

2 민호는 '왜 벌들이 밤새워 날갯짓을 해서 꿀의 양을 줄어들게 할까?'라는 의문이 생겼다. 꿀의 양을 줄어들게 하는 이유를 서술하시오.

핵심이론

▸ 꽃의 꿀샘에서 분비하는 꿀(화밀)을 관찰해 보면 벌꿀에 비해 매우 묽다는 것을 알 수 있다.

▸ 꽃꿀은 수분이 75%이고, 벌꿀은 수분이 20% 내외이다.

29 깎은 사과와 배가 변색하는 이유

상구는 사과의 껍질을 깎은 후 먹기 시작했다. 반 정도 먹으니 배가 불러 나중에 다시 먹으려고 식탁 위에 두었다. 3시간 정도 지난 후 다시 사과가 먹고 싶어 식탁 위에 놓아둔 사과를 보니 맛있게 보이던 사과가 변색되어 맛없게 보였다. 물음에 답하시오.

1 사과와 배는 깎아 놓으면 변색되는 이유를 서술하시오.

2 깎은 사과나 배가 변색되지 않게 하려면 어떤 방법이 있는지 서술하시오.

3 문제 2와 같은 방법의 예를 2가지 쓰시오.

핵심이론

▸ 변색: 빛깔이 변하여 달라지거나 또는 빛깔을 바꿈

▸ 사과와 배가 변색되지 않게 하려면 공기 중의 산소와의 반응을 막아야 한다.

사람이 물에 빠져 익사하면 물에 가라앉는 이유

과학을 좋아하는 주석이는 수영장에서 수영을 하다가 여러 가지 의문이 생겼다. 물음에 답하시오.

1 몸무게가 45 kg인 주석이는 '물속에 들어가 몸무게를 재면 몇 kg이 될까?'라는 의문이 생겼다. 주석이는 과학적으로 어떤 결론을 내렸을지 그 이유와 함께 서술하시오.

2 주석이는 물속에서 잠수를 하다가 '사람이 물에 빠져 익사하면 왜 물에 가라앉을까?'라는 의문이 생겼다. 사람이 물에 가라앉는 이유를 서술하시오.

3 영화를 보면 익사한 사람이 하루 이틀 뒤에 다시 물 위에 떠올라 시체로 발견되는 경우를 보게 된다. 가라앉았던 시체가 다시 떠오르는 이유를 서술하시오.

핵심이론

▸ 잠수: 물속으로 잠겨 들어가거나 또는 그런 일

▸ 익사: 물에 빠져 일어나는 죽음

안쌤의

STEAM
+ 창의사고력
과학 100제

IV

지구

북쪽 하늘의 별들이 둥근 원호를 그리는 이유

그림 (가)는 북쪽 하늘에 밤 9시부터 새벽 3시까지 북두칠성의 이동 그림이고, 그림 (나)는 같은 하늘을 향해 사진기를 2시간 동안 노출하여 찍은 사진이다. 물음에 답하시오.

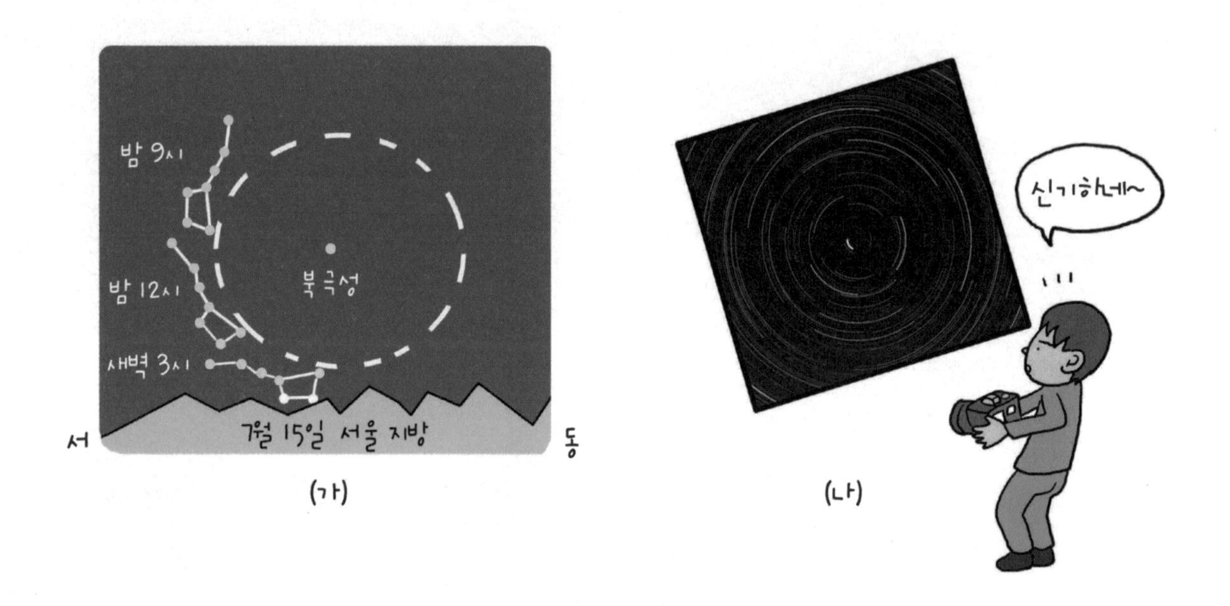

(가) (나)

1 그림 (나)에서 둥근 원호의 중심에 있는 별의 이름을 쓰시오.

2 그림 (가)와 그림 (나)에서 원호가 그려지는 이유를 서술하시오,

3 그림 (나)에서 원호가 굵고 가늘게 나타나는 이유를 서술하시오.

핵심이론

- 북극성: 천구의 북쪽에 자리한 별을 부르는 이름이다. 현재는 작은곰자리의 꼬리에 있는 알파별 폴라리스가 북극성이다.
- 북두칠성: 큰곰자리의 꼬리와 엉덩이 부분의 일곱 별을 말한다. '북두'는 북쪽의 국자라는 의미이며, '칠성'은 일곱 개의 별로 이루어졌음을 의미한다.

별자리를 이용하여 북극성을 찾는 방법

민호는 북극성을 어떻게 찾을 수 있는지 궁금해서 여러 과학 도서를 보다가 다음과 같이 북두칠성과 카시오페이아 자리를 이용하여 북극성을 찾는 방법을 찾았다. 물음에 답하시오.

- 북두칠성으로 북극성을 찾는 방법: 국자 모양의 북두칠성을 찾은 후, 북두칠성의 ㉠의 5배 되는 거리에 북극성이 있다.
- 카시오페이아 자리로 북극성을 찾는 방법: W자 모양의 카시오페아 자리를 찾은 후, W자 바깥 두 별을 남쪽으로 연결하여 만나는 점과 중앙의 별을 연결한다. ㉡의 5배 되는 거리에 북극성이 있다.

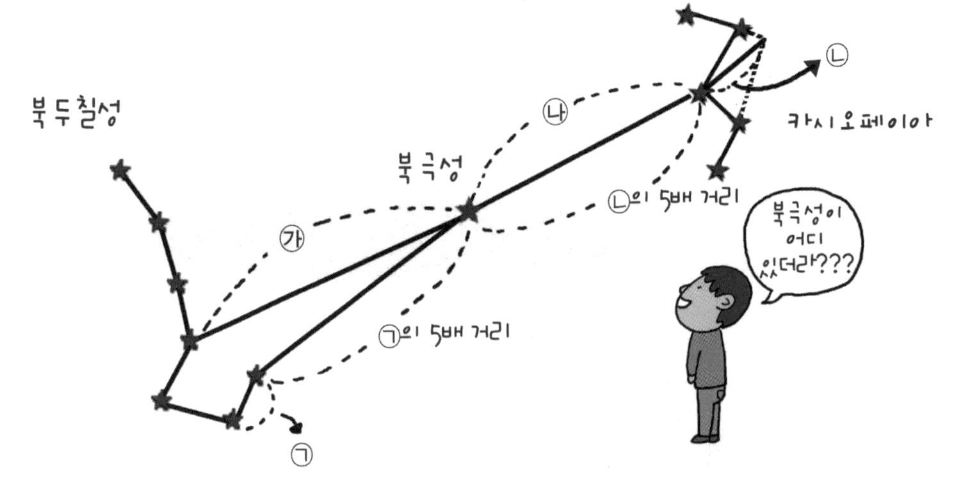

두 별자리의 위치와 거리는 북두칠성의 네 번째 별과 북극성을 연결한 연장선에 카시오페이아 자리가 있고, ㉮와 ㉯의 거리는 같다.

1 민호는 밤 9시에 하늘을 보니 오른쪽 그림과 같이 북두칠성이 떠 있었다. 새벽 3시가 되면 관측되는 북두칠성의 위치와 모양은 어떻게 되는지 오른쪽 그림에 그리시오.

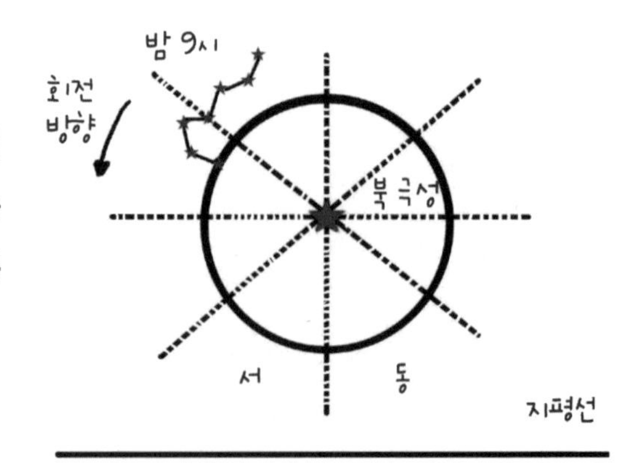

2 민호가 밤 9시에 관측할 수 있는 카시오페이아 자리의 위치와 모양은 어떻게 되는지 오른쪽 그림에 그리시오.

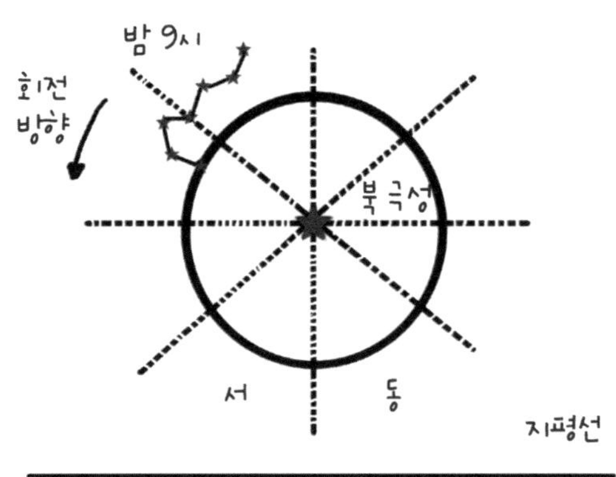

3 별자리의 위치가 시간에 따라 달라지는 이유를 서술하시오.

4 별자리가 시간에 따라 달라지는 정도는 어떻게 되는지 서술하시오.

핵심이론

▸ 별: 태양처럼 스스로 빛을 내는 항성을 말하며, 항성의 빛을 반사하여 빛나는 행성, 위성, 혜성 등과 구별한다. 항성은 그 거리가 너무 멀기 때문에 하늘에서 위치가 변하지 않는 것처럼 보인다.

일주일 중 해륙풍이 가장 강했던 날은?

정은이는 일주일간 바닷가에서 육지와 바다의 온도를 매시간 측정한 후 하루 중 최고 기온과 최저 기온을 요일별로 구분하여 다음과 같이 표를 만들었다. 물음에 답하시오.

〈최고 기온〉

구분	일	월	화	수	목	금	토
육지	35.4 ℃	36.5 ℃	34.5 ℃	33.0 ℃	32.2 ℃	32.5 ℃	25.8 ℃
바다	25.3 ℃	24.0 ℃	23.6 ℃	24.8 ℃	25.3 ℃	24 ℃	24.2 ℃

〈최저 기온〉

구분	일	월	화	수	목	금	토
육지	28.8 ℃	29.1 ℃	26.5 ℃	25.3 ℃	24.7 ℃	22.7 ℃	18.7 ℃
바다	24.0 ℃	22.2 ℃	22.3 ℃	22.3 ℃	22.2 ℃	22.5 ℃	22.4 ℃

1 일주일간 해륙풍이 가장 강했을 것으로 예상되는 요일을 쓰고, 그렇게 생각한 이유를 서술하시오.

2 일주일간 날씨가 가장 흐렸을 것으로 예상되는 요일을 쓰고, 그렇게 생각한 이유를 서술하시오.

핵심이론

▸ 해륙풍: 낮에는 바다에서 육지를 향해 해풍이 불고, 밤에는 육지에서 바다을 향해 육풍이 분다. 이는 바다와 육지 사이의 온도차에 의한 것이다.

시골에서도 산성비가 내리는 이유

재우는 과학 시간에 공장이나 자동차에서 배출되는 오염물질이 비를 오염시켜 산성비가 내린다고 배웠다. 산성비에 대해서 궁금증이 생긴 재우가 더 많이 알아본 결과 다음과 같은 자료를 검색할 수 있었다. 물음에 답하시오.

산성비란 pH 5.6 이하인 비를 말한다. 주로 공장이나 발전소, 자동차 등의 각종 오염원에서 대기 중으로 방출된 황산화물과 질산화물 같은 대기오염 물질이 대기 중에 있는 수증기와 작용하여 강산성의 황산이나 질산을 형성하고 이것이 빗물에 씻겨 떨어지는 현상을 말한다. 다시 말해 산성비는 대기에서 산성의 물질이 물에 녹아 생기는 것이다.

1 대기오염으로 생긴 산성비는 우리에게 많은 피해를 주고 있다. 그 예를 3가지 서술하시오.

2 산성비는 공장이나 자동차가 많은 도시에만 내리는 것이 아니라, 공장이나 자동차가 없는 외딴 섬이나 시골에서도 내린다고 한다. 그 이유를 서술하시오.

3 우리에게 많은 피해를 주고 있는 산성비를 예방할 수 있는 방법을 3가지 서술하시오.

핵심이론

- pH: 수소이온농도인 pH는 물질의 산성, 알칼리성의 정도를 나타내는 수치이다.
- pH가 7보다 낮으면 산성, 7보다 높으면 염기성이라고 한다.

정답 및 해설 20쪽

건습구 습도계와 습도의 관계

민호는 건구 온도계와 습구 온도계를 이용한 습도표를 보면서 여러 가지 의문이 생겼다. 물음에 답하시오.

습구 온도(℃)	건구 온도와 습구 온도의 차(℃)										
	0	1	2	3	4	5	6	7	8	9	10
15	100	90	81	73	65	59	52	47	42	37	33
16	100	90	82	74	66	60	54	48	43	38	34
17	100	91	82	74	67	61	55	49	44	40	36
18	100	91	83	75	68	62	56	50	45	41	37
19	100	91	83	76	69	62	57	51	47	42	38
20	100	91	83	76	69	63	58	52	48	43	39
21	100	92	84	77	70	64	58	53	49	44	40
22	100	92	84	77	71	65	59	54	50	45	41
23	100	92	84	78	71	65	60	55	51	46	42
24	100	92	84	78	72	66	61	56	51	47	43

1 **건구와 습구의 온도차가 2 ℃인 날은 8 ℃인 날보다 습도가 높다. 이처럼 건구와 습구의 온도차가 생기는 이유를 서술하시오.**

2 민호 방의 건구와 습구의 온도차가 3 ℃일 때 적당한 습도를 만들기 위한 방법에는 어떤 것이 있는지 2가지 서술하시오. (단, 사람이 가장 쾌적하다고 느끼는 적당한 습도는 55~60%이다.)

3 습구 온도와 습도와의 관계는 비례 관계이다. 건구와 습구의 온도차와 습도는 어떤 관계인지 쓰시오.

핵심이론

- ▸ 습도: 공기 중에 수증기가 포함된 정도를 말하며 공기의 습하고 건조한 정도를 표현한다.
- ▸ 건구: 건습구 습도계의 2개 중에서 젖은 헝겊으로 싸지 않은 쪽

구름의 양과 기온의 관계

현정이는 여러 가지 방법으로 3일 동안의 날씨를 조사하여 다음과 같이 정리했다. 물음에 답하시오.

날짜	구름의 양	낮 최고기온	바람
그제		20 ℃	북 / 서 / 동 / 남
어제		16 ℃	북 / 서 / 동 / 남
오늘		25 ℃	북 / 서 / 동 / 남

1 현정이가 기상캐스터라면 조사한 날씨 중 오늘의 날씨를 어떻게 설명할지 그에 맞는 대본을 쓰시오. (단, 30자 내외)

2 왼쪽 표를 통해 알 수 있는 구름의 양과 기온과의 관계를 서술하시오.

핵심이론

- 기상: 강수, 바람, 구름 등 대기 중에서 일어나는 각종 현상을 통틀어 이르는 말이다. 대기 현상과는 달리 태풍, 장마 등의 대규모 현상도 포함한다.
- 기상캐스터: 방송에서 일기와 날씨를 전달해 주는 사람

정답 및 해설 21쪽

습도가 높을수록 더위를 잘 느끼는 이유

다음은 례준이가 무더위와 습도와의 관계를 조사하여 정리한 글이다. 물음에 답하시오.

기온이 32 ℃, 습도가 96%가 되면 가만히 있어도 땀이 나지만, 습도가 48%로 낮아지면 기온이 35 ℃ 정도 되어야 땀이 난다. 따라서 기온이 높더라도 습도가 낮을 경우에는 더위를 참을 수 있다. 실제로 75 ℃가 훨씬 넘는 사우나탕에서는 건조하기 때문에 견딜 수 있지만, 약 45 ℃의 물속에서는 오래 견딜 수 없다.

1 례준이가 조사한 글처럼 습도가 높을수록 더위를 잘 느끼게 된다. 그 이유를 서술하시오.

2 더위를 조사한 례준이는 이번에는 추위와 바람과의 관계를 조사하여 다음과 같이 정리했다. 추운 겨울에 바람이 불면 더 춥게 느껴지는 이유를 서술하시오.

> 추위나 더위 등 피부로 느끼는 체감온도(느낌 온도)는 단순히 기온이 높고 낮음 때문만이 아니다. 몸에서 빼앗기는 열이 바람이나 습도, 햇빛 등에 따라 다르기 때문에 체감온도는 깊은 관계가 있다. 일반적으로 따뜻한 곳이나 여름철에는 바람의 속도보다는 습도나 햇빛이 큰 영향을 주고, 추운 곳이나 겨울에는 바람의 속도가 큰 영향을 준다. 체감온도는 풍속이 1 m/s 증가할 때마다 약 1~1.5 ℃ 가량 낮아지는 것이 보통이다. 예를 들면 밤 기온은 −20 ℃이고, 20 m/s의 강한 바람이 불고 있다면 체감온도는 약 −40 ℃가 된다는 것이다.

핵심이론

- 체감온도(느낌온도): 덥거나 춥다고 몸에서 느끼는 정도를 나타낸 온도로 기온, 바람, 습도 등에 영향을 받는다.
- 사우나탕: 온도가 높은 증기 목욕탕으로, 몸의 신진대사가 좋아지는 효능이 있다.

백엽상이 설치된 장소의 특징

다음 그림은 유찬이네 학교에 있는 백엽상을 나타낸 것이다. 유찬이는 백엽상이 설치된 장소의 특징을 살펴 보았다. 물음에 답하시오.

1 백엽상은 지상에 붙어 있지 않고 약 1.5 m 정도 높이에 위치해 있었다. 그 이유를 서술하시오.

2 백엽상 밑에는 잔디가 깔려 있었다. 그 이유를 서술하시오.

3 백엽상의 사방의 벽은 겹비늘 창살로 되어 있었다. 그 이유를 서술하시오.

4 백엽상에는 하얀색이 칠해져 있다. 그 이유를 서술하시오.

핵심이론

▸ 백엽상: 기상 관측용 기구가 설비되어 있는 조그만 집 모양의 흰색 나무 상자

모닥불의 연기를 피하는 방법

민호네 가족은 여름 휴가로 바닷가에 놀러 갔다. 물음에 답하시오.

1 늦은 저녁 민호네 가족은 모래사장에서 모닥불을 피웠다. 이때 민호는 가족들에게 모닥불의 연기를 피하기 위해서는 어느 방향으로 앉아야 한다고 과학적으로 설명해 주었고, 민호네 가족들은 연기를 피해 좋은 시간을 보낼 수 있었다. 민호는 가족들에게 어떻게 설명했는지 서술하시오.

2 민호는 일교차가 크면 감기에 잘 걸린다고 한다. 그런데 일교차가 크게 나타날 것 같은 여름에는 오히려 일교차가 작아서 감기에 걸리지 않았다. 여름에 일교차가 작게 나는 이유를 서술하시오.

핵심이론

- 모닥불: 잎나무나 검불 등을 모아 놓고 피우는 불
- 일교차: 기온, 습도, 기압 등이 하루 동안에 변화하는 차이로, 맑게 갠 날이 비오는 날이나 흐린 날보다 일교차가 크다. 또한, 내륙일수록 일교차가 크다.

요구르트병으로 만든 간이 온도계

예은이는 요구르트병에 붉은 물감을 탄 물을 넣고 빨대를 꽂아 간이 온도계를 만들었다. 다음은 간이 온도계를 따뜻한 물과 찬물에 각각 넣은 후 관찰되는 변화를 정리한 것이다. 물음에 답하시오.

실험 결과

㉠ 간이 온도계를 따뜻한 물이 담긴 비커에 넣었더니, 빨대의 붉은 물이 올라갔다.
㉡ 간이 온도계를 차가운 물이 담긴 비커에 넣었더니, 빨대의 붉은 물이 일시적으로 올라갔다가 천천히 내려갔다.

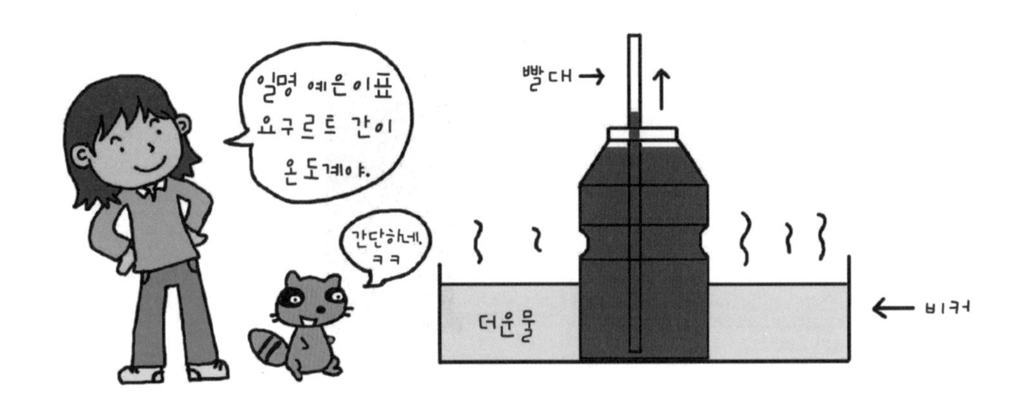

1 ㉡에서 빨대의 붉은 물이 일시적으로 올라갔다가 천천히 내려가는 이유를 서술하시오.

2 문제 1과 같은 현상이 일어나지 않도록 하기 위해서는 어떻게 해야 하는지 그 이유와 함께 서술하시오.

핵심이론

- 간이 온도계: 임시로 만든 온도를 재는 기구
- 물체는 열을 받으면 부피가 증가하고 열을 뺏기면 부피가 감소한다.

안쌤의

STEAM
+ 창의사고력
과학 100제

V

융합

비와 관련된 속담의 과학적 해석

주변보다 기압이 낮은 저기압의 중심부에서는 공기들이 모이므로 상승기류가 생기고, 이 상승기류로 인해 공기가 단열팽창을 한다. 이 때문에 온도가 이슬점 이하로 내려가서 물방울이 생겨 구름을 형성하므로 날씨가 흐리거나 비가 온다. 저기압 영향으로 여러 가지 자연현상이 나타나면 그 현상으로 비가 오는 것을 예측할 수 있다. 물음에 답하시오.

1 속담 '청개구리가 울면 비가 내린다.'를 과학적으로 서술하시오.

2 속담 '달무리나 햇무리가 나타나면 비가 내린다.'를 과학적으로 서술하시오.

3 속담 '제비가 지표 가까이 날면 비가 내린다.'를 과학적으로 서술하시오.

4 '비가 내리는 날에는 화장실이나 하수구 냄새가 심하다.'를 과학적으로 서술하시오.

핵심이론

- 단열 팽창: 외부 열이 차단된 상태에서 부피가 팽창되면 물체 내부의 온도가 내려가는 현상을 말한다.
- 무리: 구름이 태양이나 달의 표면을 가릴 때, 태양이나 달의 둘레에 생기는 불그스름한 빛의 둥근테로 대기 가운데 떠 있는 물방울에 의한 빛의 굴절이나 반사 때문에 생긴다.
- 이슬점: 공기 중의 수증기가 응결하여 이슬이 되는 온도

지하철이 들어올 때 바람이 부는 이유

휴일이라 부모님과 함께 친척 집에 놀러가기 위해 귀현이는 서울 지하철 2호선을 타려고 기다리고 있었다. 물음에 답하시오.

1 귀현이가 기다리던 지하철이 들어오는데 바람이 강하게 불어왔다. 바람은 온도차에 의해 분다고 알고 있었던 귀현이는 온도차가 없다고 생각되는 지하철 내부에 바람이 어떻게 부는지 궁금했다. 지하철이 들어올 때 바람이 부는 이유를 서술하시오.

2 지하철이 들어올 때 바람이 강하게 불어 승객들에게 다소 불편함을 주기도 한다. 바람을 약하게 하려면 어떻게 하면 되는지 쓰고, 그 이유를 서술하시오.

핵심이론

- 바람: 기압의 변화 또는 사람이나 기계에 의하여 일어나는 공기의 움직임
- 지하철: 대도시에서 교통의 혼잡을 완화하고, 빠른 속도로 운행하기 위하여 땅속에 터널을 파고 부설한 철도

밀폐된 용기 속 공기를 압축하면 탁구공의 움직임은?

상구는 다음 그림과 같이 밀폐된 용기 속에 탁구공을 넣고 공기의 양을 변화시켜 탁구공의 움직임을 관찰했다. 물음에 답하시오.

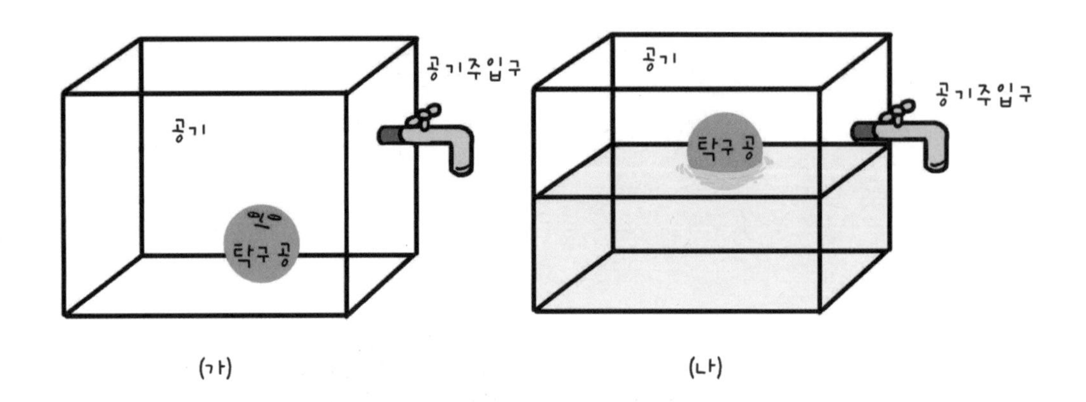

1 그림 (가)에서 밀폐된 용기 속에 탁구공을 넣고 공기 주입구를 통하여 공기를 불어 넣어 공기를 압축하면 탁구공의 움직임은 어떻게 되는지 쓰고, 그 이유를 서술하시오.

(단, 탁구공의 부피는 변하지 않았다.)

2 그림 (나)에서 밀폐된 용기 속에 물을 절반쯤 채우고 탁구공을 띄웠다. 그런 후 공기를 압축하면 탁구공은 어떻게 되는지 쓰고, 그 이유를 서술하시오. (단, 탁구공의 부피는 변하지 않았다.)

핵심이론

- 부피: 밀도, 부력과 밀접한 관계가 있다.
- 밀폐: 샐 틈이 없이 꼭 막거나 닫음
- 주입: 흘러 들어가도록 부어 넣음

주사기 속 스티로폼으로 만든 인형의 모양 변화

수민이는 고무찰흙을 손바닥에 올려놓고 한 손으로 누르면 위에서부터 누르는 압력 때문에 고무찰흙이 아래로 찌그러진다고 알고 있었다. 그래서 주사기 속에 스티로폼으로 만든 인형을 넣고 피스톤을 누르면 스티로폼으로 만든 인형의 모양이 어떻게 변하는지 알아보기 위해 다음과 같은 실험을 했다. 물음에 답하시오.

실험 과정

㉠ 큰 주사기에 스티로폼으로 만든 인형을 넣는다.
㉡ 주사기 끝의 뾰족한 부분을 지우개나 고무마개 위에 올려 놓고 공기가 새지 않게 한다.
㉢ 피스톤을 누르고 주사기 속 스티로폼으로 만든 인형의 모양 변화를 관찰한다.
㉣ 피스톤을 당기고 주사기 속 스티로폼으로 만든 인형의 모양 변화를 관찰한다.

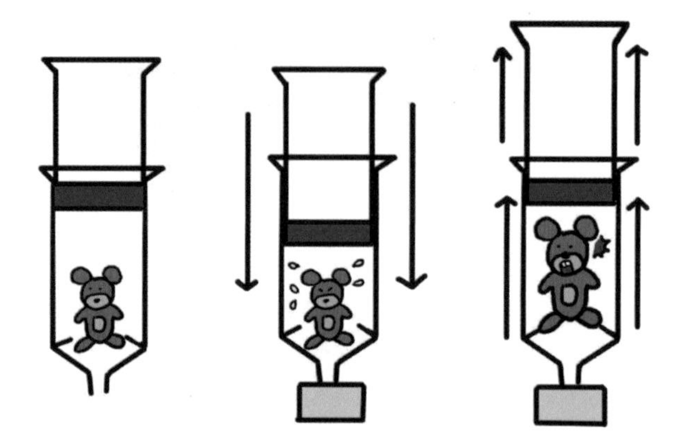

1 실험 과정 ㉢에서 주사기 속의 스티로폼으로 만든 인형은 어떻게 변하는지 서술하시오.

2 실험 과정 ㉣에서 주사기 속의 스티로폼으로 만든 인형은 어떻게 변하는지 서술하시오.

3 문제 1, 2와 같이 생각한 이유를 서술하시오.

핵심이론

- 압력: 두 물체가 접촉면을 경계로 하여 서로 그 면에 수직으로 누르는 단위 면적에서의 힘의 단위
- 피스톤: 실린더 안에서 왕복 운동을 하는, 원통이나 원판 모양으로 된 부품

빨간색이 보이는 원 조각이 많은 이유

다음 그림과 같이 유리병에 물을 넣고, 그 위에 에테르를 조심스럽게 넣으면 2개의 층으로 분리된다. 이 유리병 안에 한쪽 면에만 빨간 색연필을 칠한 10개의 작은 원 조각(원반)을 넣고 유리병을 흔든 후, 위에서 볼 때 빨간색이 보이는 원 조각의 개수를 세어 나타내면 다음 표와 같다. 물음에 답하시오.

실험	1회	2회	3회	4회	5회
개수	9개	8개	10개	8개	9개

1 실험 결과 위에서 볼 때 빨간색이 보이는 원 조각이 더 많이 나타나는 이유를 서술하시오.

2 왼쪽 실험에서 사염화탄소를 이용하여 하얀색이 보이는 원 조각의 개수를 많게 하려면 어떻게 하면 되는지 쓰고, 그 이유를 서술하시오. (단, 사염화탄소는 물보다 밀도가 높다.)

핵심이론

- 에테르: 산소 원자에 2개의 탄화수소기가 결합된 유기 화합물을 통틀어 이르는 말이다. 휘발성과 마취성, 인화성이 크며 물에 잘 녹지 않는다. 대신 유기 화합물과 잘 섞이며 화학적으로 안전하기 때문에 액체 상태의 에테르는 유기 물질을 녹이는 용매로 자주 사용된다.
- 사염화탄소: 에테르와 같은 특유의 냄새가 나는 무색 투명한 액체이다. 녹는점은 －22.86 ℃, 끓는점은 76.679 ℃이며, 물보다 밀도가 크고 물에 녹지 않는다.

물층만 색소의 색깔을 띠는 이유

수영이네 반에서는 사염화탄소, 물, 에테르가 서로 섞이지 않는다는 성질을 이용하여 실험을 했다. 물음에 답하시오.

1 **다음 그림과 같이 에테르, 물, 사염화탄소로 층을 만들었다. 여기에 색소 가루를 떨어뜨렸더니 물층만 색소 색깔을 띠었다. 물층만 색소의 색깔을 띠는 이유를 서술하시오.**

2 색소를 넣어 에테르와 사염화탄소만 색깔을 띠고, 물은 색깔을 띠지 않게 하려고 한다. 어떻게 하면 되는지 쓰고, 그 이유를 서술하시오.

핵심이론

- 색소: 물체에 색깔이 나타나도록 만들어주는 물질
- 수성: 물에 녹기 쉬운 성질
- 유성: 물과 섞이지 않는 기름의 성질

그릇이 저절로 움직이는 이유

태훈이와 민호는 분식집에 가서 맛있는 떡볶이를 시켰다. 잠시 후 맛있는 떡볶이와 어묵 국물이 담긴 그릇이 2개 나왔다. 맛있게 떡볶이를 먹다가 보니 어묵 국물이 담긴 그릇이 저절로 움직여 식탁 가장자리로 이동했다. 당황한 태훈이와 민호는 그릇을 다시 식탁 안쪽으로 옮겨 놓았다. 그러나 잠시 후 그릇이 또 움직였다. 물음에 답하시오.

1 태훈이는 움직이는 그릇을 보면서 '정지해 있던 그릇이 미끄러질 때 어떤 힘이 작용한 걸까?'라는 의문이 생겼다. 어떤 힘이 작용했는지 쓰시오.

2 민호는 '그 힘에 의해서 그릇은 어떻게 움직이는 것일까?'라는 의문이 생겼다. 그릇이 움직이는 이유를 서술하시오.

3 그릇이 움직이지 않게 하려면 어떻게 하면 되는지 쓰고, 그 이유를 서술하시오.

핵심이론

- 가장자리: 둘레나 끝에 해당되는 부분
- 힘: 정지하고 있는 물체를 움직이고, 움직이고 있는 물체의 속도나 운동방향을 바꾸거나 물체의 형태를 변형시키는 작용을 하는 물리량이다.

바퀴 달린 물통에 구멍을 내면 어디로 움직일까?

공기를 넣은 풍선의 입구를 손으로 잡고 있다가 놓으면 풍선이 움직인다. 이것을 본 하라는 '공기와 물의 흐름에 의해 물체는 어떻게 이동할까?'라는 의문이 생겼다. 물음에 답하시오.

1 **다음 그림과 같이 공기를 압축시켜 넣은 깡통에 구멍을 내서 공기가 오른쪽으로 빠져나가게 하면 깡통은 어느 쪽으로 움직이는지 쓰고, 그 이유를 서술하시오.**

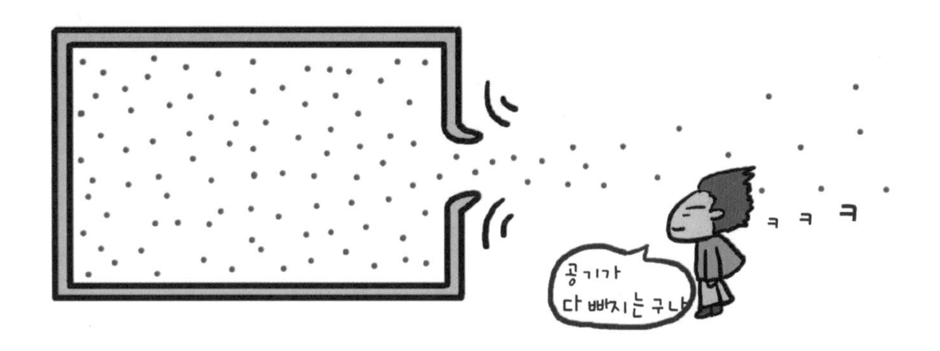

2 **깡통 내부가 진공인 상태에서 구멍을 내면 공기가 깡통 내부로 들어오면서 깡통이 어느 쪽으로 움직이는지 쓰고, 그 이유를 서술하시오.**

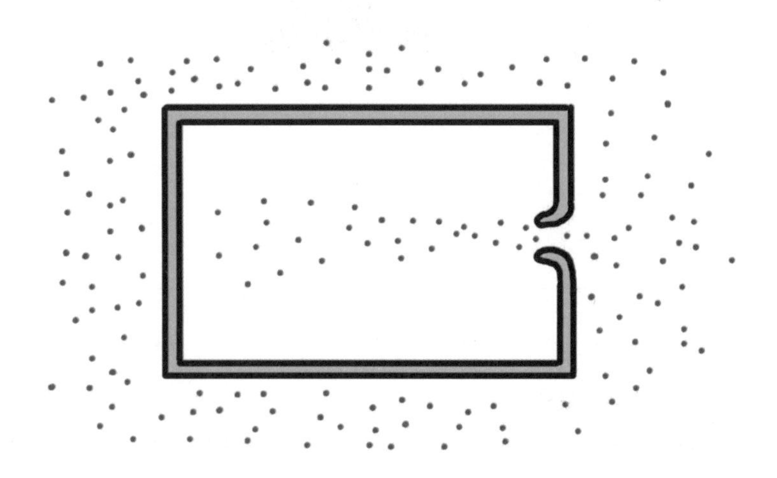

3 다음 그림과 같이 만든 바퀴 달린 물통에 구멍을 내면 물통은 어디로 움직이는지 쓰고, 그 이유를 서술하시오.

핵심이론

- 압축: 위에 압력을 가하여 그 부피를 줄임
- 진공: 물질이 전혀 존재하지 않는 공간으로, 인위적으로 만들어 낼 수는 없고 실제로는 극히 저압의 상태를 이른다.

물의 성질을 알아볼 수 있는 실험 장치

태훈이는 물의 성질을 알아보기 위해 여러 가지 실험 장치를 꾸몄다. 물음에 답하시오.

1 다음 그림과 같이 실험 장치를 꾸민 후 밸브를 열었을 때 물은 어떻게 흐르는지 그 이유와 함께 서술하시오.

2 다음 그림과 같이 실험 장치를 꾸민 후 밸브를 열었을 때 물은 어떻게 흐르는지 그 이유와 함께 서술하시오.

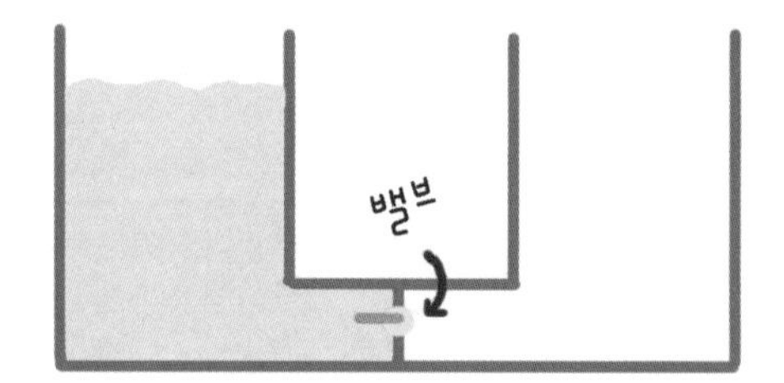

3 다음 그림과 같이 실험 장치를 꾸민 후 밸브를 열었을 때 물은 어떻게 흐르는지 그 이유와 함께 서술하시오.

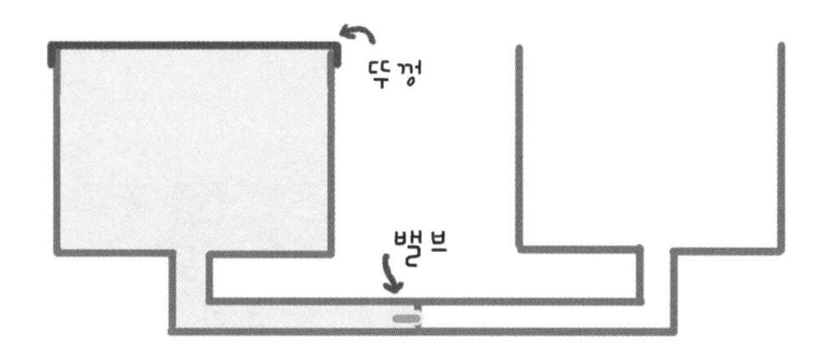

4 그림 (가)와 같이 실험 장치를 꾸민 후 밸브를 열었을 때 물은 흘러서 결국 어떻게 되는지 그림 (나)에 나타내고, 그 이유를 서술하시오.

핵심이론

▸ 물은 평형상태가 될 때까지 움직이려는 성질이 있으며, 물의 움직임에 영향을 끼치는 요소는 수위차, 대기압이 결정적인 역할을 한다.

페트병 안으로 풍선을 부는 방법

우현이와 수영이는 페트병을 이용하여 다음과 같은 방법으로 풍선을 불어 보았다. 물음에 답하시오.

우현	수영
페트병의 입구에 풍선을 넣은 후 입으로 불어 본다.	구멍을 뚫은 페트병의 입구에 풍선을 넣은 후 입으로 불어본다.

1 우현이와 수영이 중 상대적으로 풍선을 불려면 더 힘이 드는 사람은 누구인지 쓰고, 그 이유를 '압력'이라는 단어를 이용하여 서술하시오.

2 수영이는 다음 그림 (가)와 같이 풍선을 분 다음 손가락으로 페트병 구멍을 막고 풍선 입구에서 입을 떼었다. 이때 풍선의 크기는 크게 줄어들지 않았다. 그 이유를 '압력'이라는 단어를 이용하여 서술하시오.

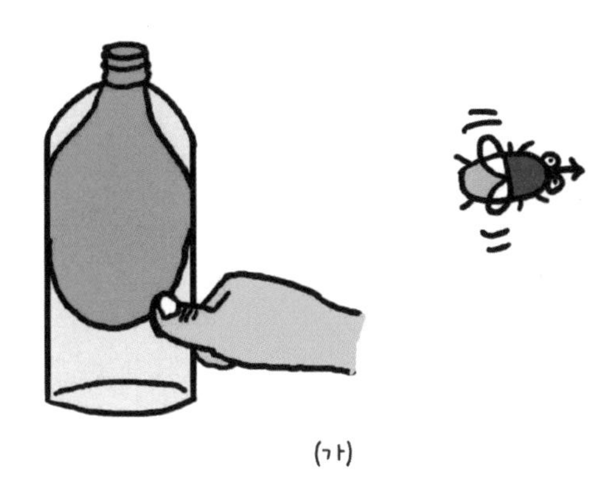

(가)

3 다음 그림 (나)와 같이 페트병의 구멍을 막았던 손가락을 치우니 풍선이 쭈그러들었다. 그 이유를 '압력'이라는 단어를 이용하여 서술하시오.

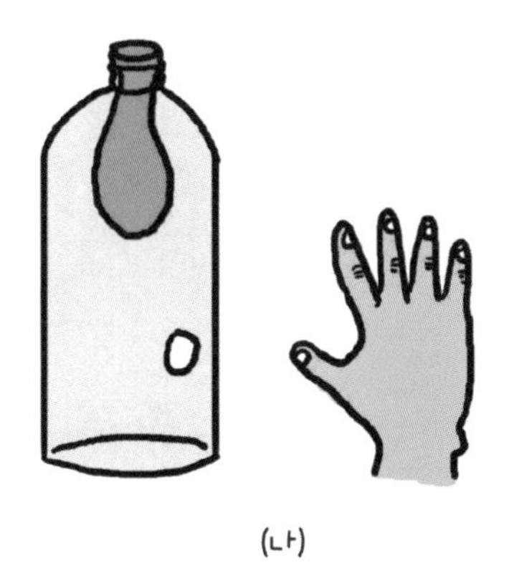

(나)

핵심이론

- ▸ 부피와 압력은 서로 반비례한다.
- ▸ 페트병의 외부 압력과 페트병의 내부 압력의 관계를 생각해야 한다.

안쌤의

STEAM
+ 창의사고력
과학 100제

영재교육원

영재성검사 창의적 문제해결력 검사

기출문제

영재성검사 창의적 문제해결력 검사
기출문제

1 그림과 같은 정사각형 모양의 타일이 30개 있다. 이 타일들을 다음 〈조건〉에 따라 배열하여 한 개의 직사각형을 만들었을 때, 만들 수 있는 가장 많은 원의 개수를 구하시오.

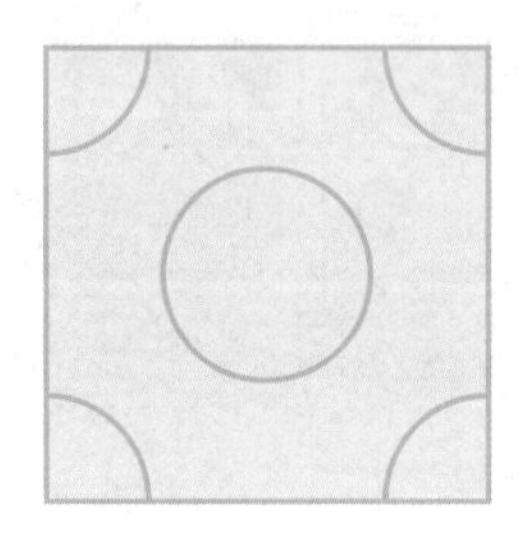

조건

〈조건 1〉 타일의 모퉁이에 있는 사분원은 모두 같은 크기이다.

〈조건 2〉 타일을 배열하여 직사각형을 만들 때 남는 타일이 없어야 한다.

〈조건 3〉 배열 상태가 달라도 만들 수 있는 원의 개수가 같으면 같은 것으로 한다.

예시

다음 그림과 같이 2×2로 배열하면 만들 수 있는 원은 5개이다.

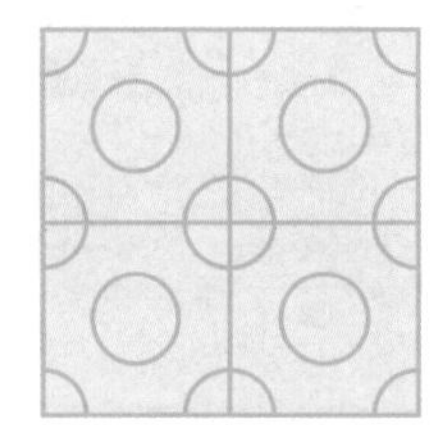

2 1에서 49까지 번호가 각각 하나씩 적혀 있는 방이 있다. 어떤 번호가 적혀 있는 방을 선택하면 이 방에 적혀 있는 수에 2배한 수가 적혀 있는 방, 또 그 방에 적혀 있는 수에 2배한 수가 적혀 있는 방의 순서로 모든 방이 처음 선택한 방에 적혀 있는 수로 묶이게 된다. 예를 들어 1번 방을 선택하면 2번, 4번, 8번, 16번, 32번 방은 1번 방에 묶이게 된다. 1~49번 방을 모두 선택한다면 몇 개의 방으로 묶이게 되는지 구하시오. (단, 다른 방에 한 번 묶인 방은 선택할 수 없다.)

1	2	3	…	48	49

3 영재가 좋아하는 모바일 게임에서는 금화를 모아 장비를 살 수 있다. 각 장비를 사기 위한 조건은 다음과 같다.

- 칼: 금화 5개
- 방패: 칼 2자루+금화 3개
- 갑옷: 방패 2개+금화 4개
- 말: 칼 1자루+방패 3개+갑옷 2벌

영재가 게임에서 4가지 장비를 모두 사기 위해서 총 몇 개의 금화가 필요한지 풀이 과정과 함께 구하시오.

4 다음 〈가〉, 〈나〉, 〈다〉에 들어갈 내용을 구하시오. (단, 사용된 수는 1부터 30까지의 수이다.)

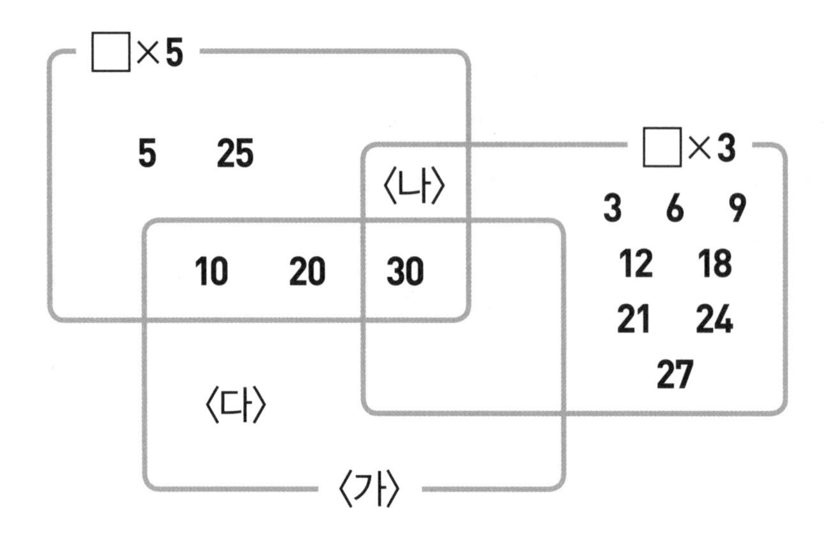

5 1쪽부터 마지막 쪽까지 수가 각각 하나씩 순서대로 적혀 있는 두꺼운 책이 있다. 이 책의 쪽번호에 사용된 숫자가 모두 3889개일 때, 이 책은 모두 몇 쪽인지 쪽 수를 구하시오.

(단, 쪽 번호의 각 자리 수 만큼 숫자가 사용된다.)

6 다음은 온음표(온쉼표)를 1로 나타내었을 때 각 음의 길이를 분수로 나타낸 표이다.

음표	𝅝	𝅗𝅥	♩	♪	𝅘𝅥𝅯
쉼표	𝄻	𝄼	𝄽	𝄾	𝄿
길이를 분수로	1	$\frac{1}{2}$	$\frac{1}{4}$	$\frac{1}{8}$	$\frac{1}{16}$

아래 리듬 악보와 같이 $\frac{6}{8}$박자 리듬 악보를 5가지 만들고, 각 리듬 악보를 분수의 덧셈식으로 나타내시오.

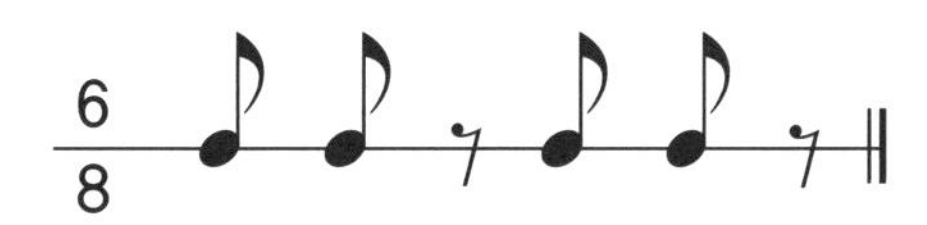

리듬 악보	분수의 덧셈식
$\frac{6}{8}$	
$\frac{6}{8}$	
$\frac{6}{8}$	
$\frac{6}{8}$	
$\frac{6}{8}$	

7 삼각형 안과 밖의 수는 일정한 규칙으로 이루어져 있다. 그 규칙을 설명하고 이와 같은 규칙을 갖도록 1부터 6까지의 숫자를 □ 안에 각각 한 번씩 써넣으시오.

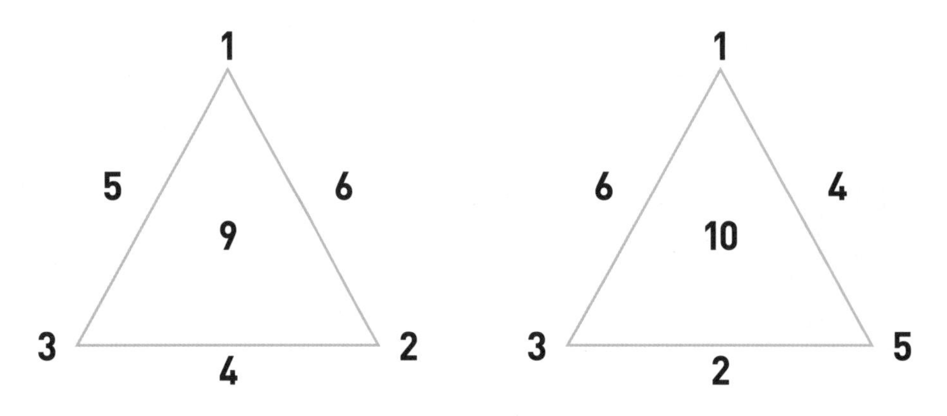

규칙

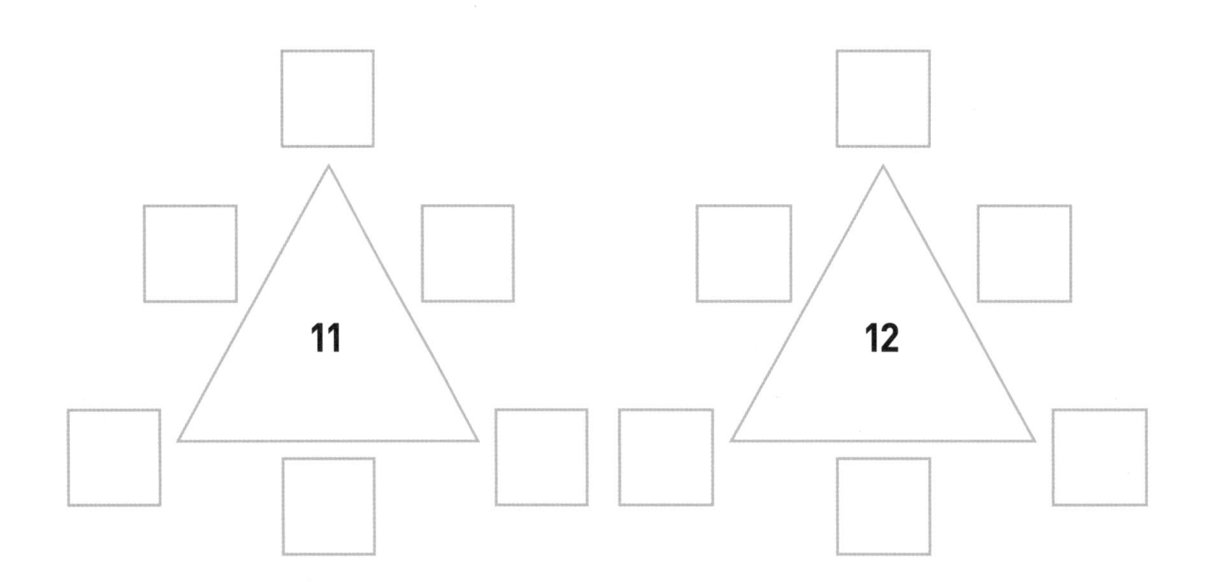

8 **다음 자료를 보고 물음에 답하시오.**

> 부모님과 함께 저녁 식사 준비를 돕고 있던 철수는 국을 국그릇에 담아 자리에 하나씩 놓던 중 아무도 만지지 않은 국그릇이 저절로 식탁 위에서 움직이는 것을 보았다.

(1) 위의 현상을 기체의 부피 변화와 관련지어 서술하시오.

(2) 생활에서 기체의 부피가 변하여 발생하는 현상의 예를 3가지 서술하시오.

9 코로나 병실에 관한 글을 읽고, 다음 물음에 답하시오.

> 세계를 강타한 코로나19는 코로나바이러스 변종으로 비말에 의해 감염된다. 초기 코로나19 환자를 치료할 때에는 음압실과 양압실을 사용했다. 음압실은 다른 곳보다 기압을 낮춰 내부 공기가 다른 곳으로 나가지 못하게 하고, 양압실은 다른 곳보다 기압을 높여 외부의 오염된 공기가 내부로 들어오지 못하게 한다.

(1) 다음 구조에서 전실, 채취실, 검사실, 의료인 대기실을 각각 음압실과 양압실로 구분하시오.

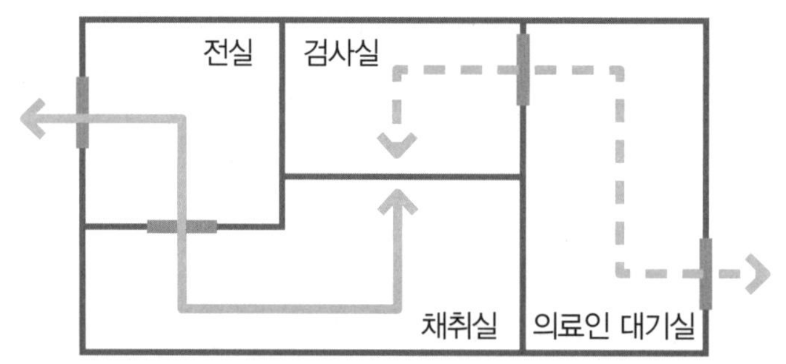

※ 전실: 손을 소독하고 방호복을 갈아 입는 공간

(2) 다음은 비행기 내부 구조이다. 비행기 내부에서 바이러스 감염 전파율이 낮은 이유를 서술하시오.

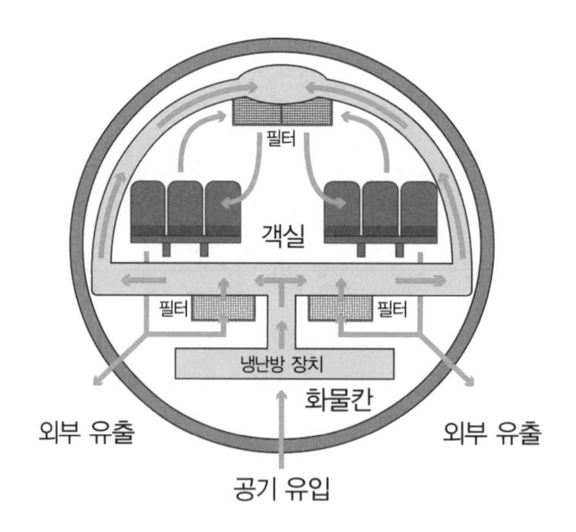

10 **체감온도는 덥거나 춥다고 느끼는 체감의 정도를 나타낸 온도이다. 바람이 불면 체감온도는 주로 실제 온도보다 낮은데, 이는 사람의 체온이 실제 온도보다 높기 때문이다. 다음 물음에 답하시오.**

(1) 바람이 불면 체감온도가 떨어진다. 그 이유를 서술하시오.

(2) 사막에 사는 어떤 종족은 까맣고 헐렁한 옷을 주로 입는다. 그 이유를 서술하시오.

11 그림은 서로 다른 2가지 모양의 프라이팬을 나타낸 것이다. (가)와 (나)의 적합한 용도를 3가지 제시하고, 그렇게 생각한 이유를 서술하시오.

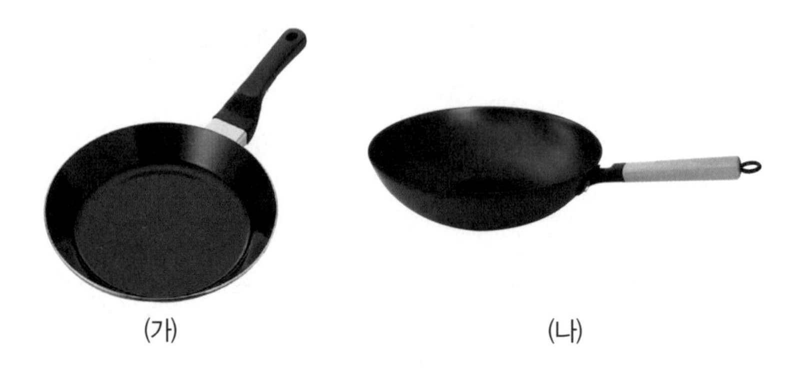

예시답안

[적합한 용도] (가) 볶음 요리 (나) 국물요리

[그렇게 생각한 이유] (나)가 (가)보다 깊이가 깊어 국물이 있는 요리를 하기 편리하다.

12 다음 그림은 브룸(브러쉬)을 사용하여 얼음을 문질러 스톤을 이동시키는 컬링 경기의 모습이다.

얼음을 문지르면 마찰력이 줄어 스톤은 더 멀리 나아간다. 이와 같이 실생활에서 마찰력이 처음보다 줄어서 변화가 생기는 예를 3가지 서술하시오. (단, 상황이 구체적으로 드러나도록 쓴다.)

13 다음은 지구와 화성의 크기를 비교하는 사진이다. 두 행성 표면의 공통점과 차이점을 각각 두 가지씩 서술하시오.

14 다음은 어떤 새의 깃털을 그림과 같이 바닥과 45° 기울기로 비스듬하게 잡고 물과 기름을 각각 1방울씩 떨어뜨린 결과이다.

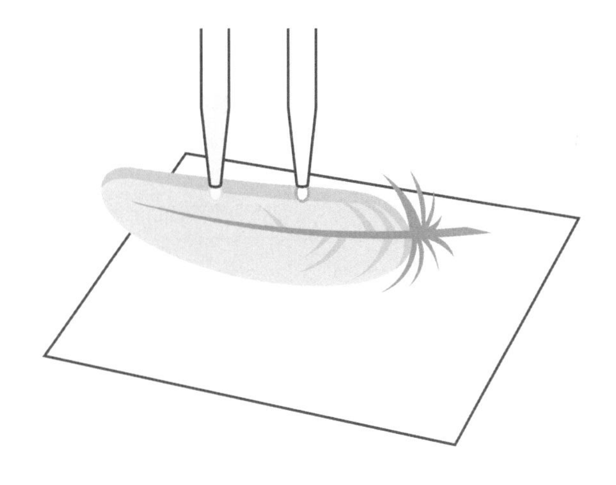

물질	결과
물	깃털 표면을 타고 아래로 흘러 내린다.
기름	깃털 표면에 넓게 퍼진다.

이 깃털을 가지고 있는 새가 물속으로 잠수하여 먹이를 잡을 때 깃털의 역할을 서술하시오.

MEMO

융합 특강
과학 탐구보고서
안쌤과 함께하는 영재교육원
SW 정보 영재성 검사
넘버보드 퍼즐
성냥개비 퍼즐
지오보드 퍼즐
쌓기나무 퍼즐
대학부설 영재교육원 봉투모의고사
교육청 영재교육원 봉투모의고사
영재성검사 창의적 문제해결력 모의고사
영재 사고력 수학 단원별·유형별 실전문제집
안쌤의 STEAM+창의사고력 과학 100제
안쌤의 STEAM+창의사고력 수학 100제
1
2
3
4
5
6

영재교육원 영재성검사, 창의적 문제해결력 검사 완벽 대비

안쌤의 STEAM + 창의사고력 과학 100제

[초등 5학년]

정답 및 해설

시대에듀

이 책의 차례

정답 및 해설

에너지 정답 및 해설

01 주변에서 볼 수 있는 과학 현상

정답

1 ㉡: 액체 → 기체
㉪: 액체 → 고체

2 ㉠, ㉩: 이산화 탄소

3 열의 복사
㉧: 열의 전도, ㉫: 열의 대류

4 열에 의한 부피 팽창
㉣

5 확산은 물질을 이루는 분자들이 스스로 운동하여 액체나 기체 또는 진공 속으로 퍼져 나가는 현상을 말한다.
㉥, ㉨

해설

㉠은 베이킹파우더에 의한 화학반응이 일어나 이산화 탄소가 발생하여 빵이 부풀어 오른 것, ㉡은 물이 기화하면서 부피가 커지는 것으로 물의 상태 변화에 따른 부피 변화이다. ㉢은 입으로 공기를 넣어 공기가 많아져 풍선이 커진 것이고, ㉣은 기체의 열에 의한 부피 팽창의 결과이다. ㉤은 물의 흡수로 인한 팽윤이고, ㉥은 분자 운동에 의한 확산 현상으로 기체에서의 확산이다. ㉦은 기체의 열에 의한 부피 팽창의 결과, ㉧은 전도에 의한 열의 이동 현상, ㉨은 분자 운동에 의한 확산 현상으로 액체에서의 확산이다. ㉩은 식용소다에 의한 화학반응이 일어나 이산화 탄소가 발생한 것이고, ㉪은 물이 얼음으로 되면서 부피가 커지는 것으로 물의 상태 변화에 따른 부피 변화이다. 마지막으로 ㉫은 대류로 인한 열의 이동이다.

02 온돌과 보일러의 난방 원리

정답

1 • 장점
– 온돌은 전체적으로 데워지지만 보일러는 파이프가 지나는 곳 위주로 데워진다.
– 구들장이 바닥재보다 열이 식는 속도가 느려 더 오랫동안 따뜻함을 느낄 수 있다.
• 단점
– 온돌을 데우는 데 시간이 걸려서 방 안이 따뜻해질 때까지 시간이 오래 걸린다.
– 보일러는 액체인 물로 열을 전달하지만 온돌은 기체인 공기로 열을 전달하기 때문에 열전달이 느리다.

2

실험 제목	공기와 물은 열을 전달할 수 있을까?
가설	공기와 물에 의해 열은 전달된다.
실험 방법	㉠ 그림 (가)와 같이 냄비에 물을 넣고 물 위에 그릇을 띄운 후 냄비를 가열한다. ㉡ 그릇 안의 온도 변화를 온도계로 측정한다. ㉢ 그림 (나)와 같이 냄비 위에 나무젓가락 2개를 올려 놓고, 그 위에 돌판을 올려 놓은 후 냄비를 가열한다. ㉣ 돌판 위의 온도 변화를 온도계로 측정한다. (가) 온도계, 가열 / (나) 온도계, 가열

실험 결과	㉡, ㉣에서 시간이 지남에 따라 온도계의 온도는 올라간다. 따라서 공기와 물에 의해 열은 전달된다.

해설

1 방바닥 밑에 깔린 넓적한 돌(구들장)에 화기를 도입시켜, 온도가 높아진 돌이 방출하는 열을 이용해 난방하는 것이다. 이것은 전도에 의한 난방 이외에 복사 난방과 대류 난방을 겸하고 있다.

2 전도는 열이 물체의 한쪽에서 다른 쪽으로 이동하는 현상이다. 분자 차원에서 생각해 보면 전도의 정의는 분자의 운동에너지가 이웃하고 있는 분자로 전달되는 현상이다. 분자에 열을 가하면 분자의 운동에너지가 증가하게 되고, 증가한 운동에너지가 이웃하는 분자로 전달되어 전체적으로 온도가 오르는 것이다.

03 비커와 수조의 물의 온도가 다르면?

정답

1 수조 속의 물의 양이 비커 속의 물의 양보다 많기 때문이다. 물의 양이 많을수록 온도를 올리는 데 많은 열이 필요하다.

2
- 수조 속의 물의 온도를 더 높인다.
- 비커 속의 물의 온도를 더 높인다.
- 비커 속의 물의 양을 지금보다 많게 한다.
- 수조 속의 물의 양을 지금보다 적게 한다.

3 실내 온도와 같아진다.
비커와 수조 속의 물의 열이 공기 중으로 빠져나가기 때문이다.

해설

온도가 다른 두 물체를 접촉시키면, 높은 온도의 물체에서 낮은 온도의 물체로 열이 이동하여 두 물체의 온도가 같아진다. 이때 양쪽으로 이동하는 열의 양이 같아져 열이 이동하지 않는 것과 같은 상태가 되는데, 이러한 상태를 열평형 상태라 한다.

04 혓바닥에 얼음이 붙는 이유

정답

1 알루미늄 호일 속의 얼음이 담요 속의 얼음보다 더 많이 녹아 있다.
알루미늄 호일은 열전도가 잘 되지만 담요는 열전도가 잘 되지 않아서 열을 차단하기 때문이다.

2 얼음의 냉기에 의해 얼음과 혓바닥 사이의 수분이 순간적으로 얼어붙기 때문이다.

해설

1 알루미늄은 금속으로 열전도가 잘 되기 때문에 금방 녹게 되고, 담요는 열부도체이기 때문에 열 차단 효과가 있다.

2 얼음뿐만 아니라 꽁꽁 얼어 있는 아이스바를 먹기 위해 입에 넣을 때도 같은 경험을 하게 된다. 이러한 현상은 얼음이나 아이스바의 냉기에 의해 입술이나 혀의 침이 순간적으로 얼어붙기 때문에 생기는 것이고, 이러한 원리를 결빙이라 한다. 수분의 결빙에 의해 접착이 일어난다는 사실은 아주 건조한 상태의 물건이나 손을 얼음이나 아이스바에 갖다 댈 경우에 붙지 않는 것을 통해 확인할 수 있다. 결빙에 의해 혀나 입술이 얼음에 붙었을 경우 약간의 시간이 지나 체온으로 결빙 상태가 풀리게 되면 혀와 입술에서 얼음이 떨어지게 된다.

05 바둑알을 떨어뜨린 이유

정답

1 처음 시작은 일정한 빠르기로 가다 점차 빨라졌고, 중간 이후 점차 느려졌다.

2 200개

해설

1 일정한 시간 동안 이동한 거리가 길수록 빠르기가 빠른 것이다. 그림의 간격을 보고 빠르기를 알 수 있다.

2 평균속력$=\frac{\text{전체 이동한 거리}}{\text{전체 걸린 시간}}$로 구한다. 주어진 그림의 눈금 하나 사이의 거리는 5 m이고, 총 14개의 눈금이므로 70 m이다. 바둑알을 10개 떨어뜨렸으므로 시간은 100초 걸렸다.

따라서 평균속력은 $\frac{70\text{ m}}{100\text{초}}=0.7\text{ m/s}$, 10초에 7 m씩 가므로 $\frac{1400\text{ m}}{7\text{ m}}=200$, 총 200개의 바둑알이 필요하다.

06 부서지지 않는 유리잔

정답

1 관성에 의해 유리잔에 걸쳐 있는 나무 막대는 정지 상태를 유지하려고 한다. 이때 가운데에 주어진 매우 갑작스런 힘이 나무 막대 끝에 있는 유리잔까지 전해지기 전에 막대가 부러진 것이다.

2 (나), 속도 변화가 클수록 가만히 있으려는 힘(관성)이 크기 때문이다.

3 (가), 속도 변화가 작을수록 가만히 있으려는 힘(관성)이 작기 때문이다.

4
- 삽에 흙을 떠서 버리는 경우, 삽을 멈춰도 흙이 계속 움직여 삽에서 떨어져 나간다.
- 차가 급정거하면 앞으로 넘어지려하고, 앞으로 갑자기 출발하면 뒤로 넘어지려고 한다.
- 옷의 먼지를 털 때, 먼지는 정지해 있고 사람에 의해 힘을 받은 옷만 움직이게 되어 먼지가 분리된다.

해설

모든 물체는 본래의 운동 상태를 계속 유지하려는 성질을 가지고 있는데, 물체의 이러한 성질을 관성이라 한다. 따라서 외부로부터 물체에 힘이 작용하지 않으면 정지하고 있는 물체는 계속 정지해 있고, 운동하고 있는 물체는 계속 운동하게 될 것이다. 유리잔에 걸쳐 있는 나무 막대는 정지 상태를 유지하려 하고, 가운데에 주어진 매우 갑작스러운 힘이 컵에 전해지기 전에 막대는 부러져 버린다. 막대의 가운데를 내리쳤으므로 막대의 가운데 부분은 부러져 아래쪽으로 움직이게 되는데, 부러져 생긴 두 나무토막 중 하나는 시계 방향으로, 다른 하나는 반시계 방향으로 자신들의 무게중심에 대하여 회전하면서 떨어지게 된다.
속도 변화가 클수록 관성의 효과가 크므로 문제 2에서 실을 급히 잡아당기면 아래쪽 실이 끊어지고, 문제 3에서 서서히 잡아당기면 위쪽 실이 끊어지는 것이다.

07 버스에서 헬륨 풍선은 어떻게 움직일까?

정답

1 금속구는 왼쪽으로 움직인다.
금속구는 정지 관성에 의해 급출발한 버스의 운행 방향과 반대인 왼쪽으로 움직이기 때문이다.

2 풍선은 왼쪽으로 움직인다.
헬륨이 든 풍선과 버스 안의 공기는 운동 관성에 의해 급정거한 버스의 운행 방향과 같은 오른쪽으로 움직인다. 이때 헬륨보다 무거운 공기가 오른쪽으로 움직이면서 가벼운 헬륨이 든 풍선은 무거운 공기에 밀려 왼쪽으로 이동하기 때문이다.

해설

오른쪽으로 급출발한 버스 안의 금속구도 왼쪽으로 이동하고, 오른쪽으로 급정거한 버스 안의 풍선도 왼쪽으로 이동한다. 그 이유는 관성은 질량이 클수록 크므로 금속구는 공기보다 무겁기 때문에 공기보다 관성을 많이 받아 차의 운행 방향과 반대쪽인 왼쪽으로 이동한다. 하지만 풍선에 들어 있는 기체(헬륨)는 공기보다 가벼우므로 관성을 적게 받게 되어 공기에 밀려서 왼쪽으로 이동하기 때문이다.

08 야구방망이를 잘 세우는 방법

정답

1 (가)
위가 무거우면 무게중심이 위쪽으로 올라가 회전 관성이 크므로 윗부분의 움직임이 느리다. 따라서 윗부분의 움직임에 따라 아랫부분을 움직여 균형을 잡을 시간의 여유가 생긴다.

2 (나)
위가 무거우면 무게중심이 위쪽으로 올라가 회전 관성이 크므로 윗부분의 움직임이 느리다. 따라서 (나)가 먼저 바닥에 넘어지게 된다.

3 (가)
길이가 길수록 무게중심이 위쪽으로 올라가 회전 관성이 크므로 회전이 느려진다. 따라서 손을 움직여 균형을 잡을 시간의 여유가 생기기 때문이다.

4 종이가 쓰러지려고 할 때 받는 공기저항이 커 균형을 잡기가 쉽기 때문이다.

5 적당히 길어야 하고 윗부분을 무겁게 만든다.

해설

물체의 회전 운동 상태를 변화시키려는 것에 대해 물체가 가지는 저항의 정도를 회전 관성(관성 모멘트)으로 나타낸다. 즉, 회전 관성이 클수록 물체를 회전시키기가 어렵다. 회전 관성의 크기 I는 물체의 질량 m과 물체와 회전축의 수직거리 r의 제곱과의 곱으로 나타낸다($I=mr^2$). 종이의 길이가 길수록 무게중심의 높이도 높아진다. 즉, 받침점과 무게중심과의 거리가 증가한다. 따라서 무게중심이 상대적으로 낮은 짧은 종이보다 긴 종이가 회전 관성이 크므로 회전이 느려져 손을 움직여 균형을 잡을 시간의 여유가 생긴다. 균형을 잡기 위해서는 손을 빨리 움직여 손가락 위에 있는 종이의 받침점이 무게중심 아래에 놓이도록 하면 될 것이다. 머리 위에 막대기를 세우고 재주를 부리는 사람을 본 적이 있을 것이다. 이때 막대기는 위가 무겁도록 제작된 것이다. 위가 무거우면 그 막대의 윗부분은 회전 관성이 크므로 잘 움직이지 않는다. 그렇지만 윗부분의 움직임이 없이도 아랫부분은 쉽게 움직일 수 있으므로 균형을 잡기가 쉬운 것이다. 종이의 폭이 클수록, 즉 면이 넓을수록 종이가 쓰러지려고 할 때 받는 공기저항이 크기 때문에 균형을 잡기가 쉽다.

09 어느 실패를 당기면 끌어올 수 있을까?

정답

1 왼쪽 방향

실패 아래쪽을 오른쪽으로 잡아당겨 이동하는 거리보다 왼쪽으로 작용하여 이동하는 거리가 더 길기 때문이다.

2 오른쪽 방향

실패 위쪽을 오른쪽으로 잡아당겨 이동하는 거리보다 왼쪽으로 작용하여 이동하는 거리가 더 짧기 때문이다.

해설

실패는 약간 변형했을 뿐 간단한 지렛대의 원리와 같다. 작용점, 힘점, 받침점을 표시하면 다음 그림과 같다.

1

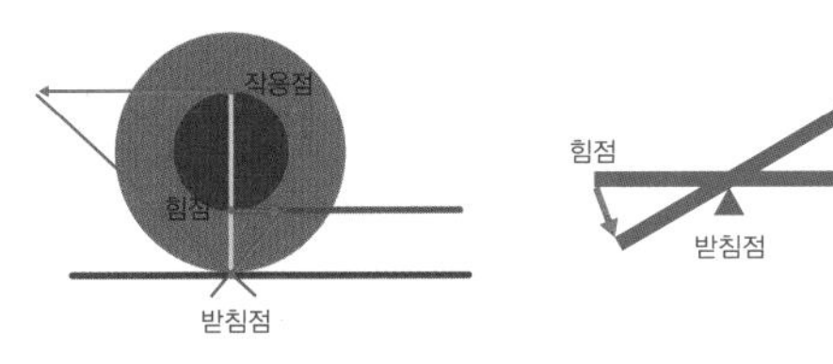

받침점에서 힘점까지의 거리보다 받침점에서 작용점까지 거리가 더 짧으므로 실패 아래쪽을 오른쪽으로 잡아당기는 거리보다 실패 왼쪽으로 이동하는 거리가 더 길다. 따라서 실패는 왼쪽으로 이동한다.

2

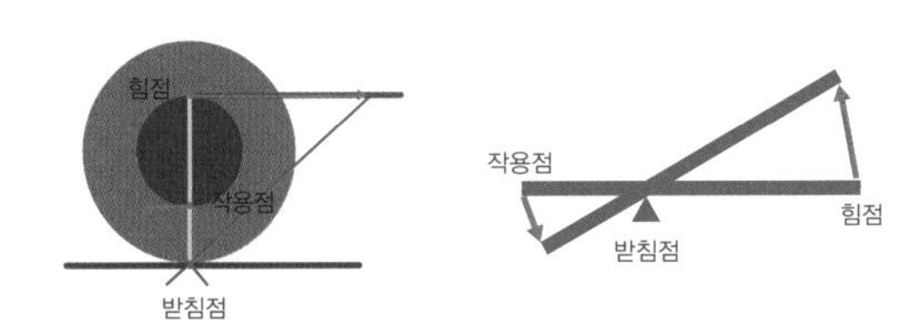

받침점에서 힘점까지의 거리보다 받침점에서 작용점까지 거리가 더 기므로 실패 위쪽을 오른쪽으로 잡아당기는 거리보다 실패 왼쪽으로 이동하는 거리가 더 짧다. 따라서 실패는 오른쪽으로 이동한다.

10 과속 방지 카메라에 찍히지 않는 방법

정답

1 센서 1과 센서 2를 이용하여 20 m를 이동하는 데 걸린 시간을 구하면 자동차의 속력을 알 수 있다. 이때 과속으로 판단되면 카메라가 작동하여 자동차를 찍는다.

2 센서 1을 통과한 후 센서 2까지 이동하는 시간을 최대한 길게 한다.

해설

과속 방지 카메라의 동작 순서

① 센서 1을 통과하는 순간 자동차의 운동 시작 시간이 표시된다.

② 센서 2를 통과하는 순간 자동차의 운동 종료 시간이 표시된다.

③ 시작 시간과 종료 시간의 차이가 운동한 시간이 된다.

④ 두 센서 간의 거리 20 m를 운동한 시간으로 나누어 자동차의 속력을 구한다.

⑤ 과속이면 카메라가 작동하여 자동차 사진을 찍는다.

Ⅱ 물질 정답 및 해설

11 코코아가 차가운 물에서 잘 녹지 않는 이유

정답

1 포화 용액
백반의 녹는 양과 용액 속의 백반이 고체 결정이 되는 양이 같아져서 우리 눈에는 더 이상 녹지 않는 것으로 보인다.

2 용액의 온도가 점점 낮아짐에 따라 가운데 매달아 놓은 백반 결정을 중심으로 재결정이 일어나 백반 덩어리가 점점 커지게 된다.

해설

뜨거운 물에서는 코코아가 잘 녹고, 차가운 물에서는 코코아가 잘 녹지 않아 바닥에 설탕이 깔려 있어 씁쓸한 코코아를 마셔 본 경험이 있을 것이다. 고체의 용해도(녹는 정도)는 온도에 따라 변하기 때문이다. 실험에서 물을 끓이면서 백반을 최대한 많이 물에 녹였다. 우리 눈에는 이 상태에서 용액 속에 백반이 전혀 녹지 않는 것처럼 보이지만, 실제로는 백반이 물에 녹는 양과 용액 속의 백반이 다시 고체 결정으로 되는 양이 같기 때문에 마치 녹는 현상이 멈춘 것처럼 보이는 것이다. 이때의 상태를 포화 상태라 부른다. 뜨거운 물에 더 이상 용해되지 않을 정도로 백반을 충분히 용해시킨 다음 백반 용액에 백반 덩어리를 담그고 용액을 천천히 식히면 처음보다 커진 백반 덩어리를 얻을 수 있다. 이때 백반 용액은 백반 성분이 석출되어 점점 묽어진다.

12 갈증이 나면 탄산음료를 먹고 싶은 이유

정답

1 이산화 탄소(탄산가스)

2 탄산음료가 입으로 들어가면 체온에 의해 이산화 탄소가 기화하여 조그마한 기포를 만들게 되고, 이 기포가 터지면서 혀끝을 자극하여 시원한 느낌을 주는 것이다.

해설

탄산음료의 시원한 맛의 비밀은 바로 탄산가스인 이산화 탄소이다. 이산화 탄소는 질소나 산소 같은 기체들보다 30배 이상 물에 잘 녹는다. 즉, 이산화 탄소가 물에 녹으면 약산의 일종인 탄산이 되기 때문에 혀를 자극하게 된다. 그래서 김(이산화 탄소)빠진 콜라나 사이다를 마시면 시원한 느낌이 덜 느껴지는 것이다.

13 콜라가 넘치지 않는 콜라 마술

정답

1 자동판매기에서 콜라를 사면 캔이 쿵쾅거리며 아래로 떨어진다. 따라서 일부러 흔들지 않더라도 녹아 있던 이산화 탄소가 내용물을 밀어내며 빠져 나와 콜라가 넘친다.

2 캔을 두드리면 옆면과 밑바닥에 기포로 달라붙어 있던 이산화 탄소가 떨어져 위로 올라간다. 이때 흔들어서 생긴 안정된 상태의 거품들과 만나게 된다. 그래서 뚜껑을 따도 급격히 튀어 오르는 일이 없다.

3 잠시 기다린 후 캔 뚜껑을 딴다.
시간이 지나면 이산화 탄소 기포가 다시 물에 녹아들어 가거나 위로 올라간다. 따라서 캔 뚜껑을 따도 급격히 튀어 오르는 일이 없다.

해설

1 콜라와 같은 탄산음료에는 마실 때 시원한 느낌을 주기 위해 이산화 탄소가 녹아 있다. 캔을 흔들면 물에 녹아 있던 이산화 탄소가 빠져 나와 뚜껑을 따는 순간, 내용물을 밀어내며 뿜어져 나오게 된다. 이산화 탄소가 급격하게 터져 나오는 것은 기압차 때문이다. 따라서 자동판매기에서는 캔이 쿵쾅거리며 아래로 떨어지기 때문에 일부러 흔들지 않았어도 콜라가 넘치는 일이 발생한다.

2, 3 마술에서 한 것처럼 캔을 두드리면 옆면과 밑바닥에 기포로 달라붙어 있던 이산화 탄소가 먼저 떨어져 나와 위로 올라간다. 이렇게 위로 올라간 이산화 탄소는 흔들어서 생긴 거품들과 만나게 된다. 이 거품은 안정된 상태여서 이산화 탄소와 만나 누그러지는 효과를 갖는다. 즉, 캔 뚜껑을 따도 급격히 튀어 오르는 일이 없다. 다른 방법으로는 잠시 기다린 뒤에 캔 뚜껑을 따는 것이다. 이렇게 하면 밖으로 빠져 나온 이산화 탄소가 다시 물에 녹아들어 가 캔 뚜껑을 따도 갑자기 넘치지 않는다.

14 톡톡 쏘면서 달콤한 사이다를 만드는 방법

정답

1 탄산수소 나트륨과 구연산이 반응하여 이산화 탄소가 발생하지만 100 ℃에서는 이산화 탄소가 녹을 수 있는 양이 없기 때문에 톡톡 쏘는 사이다를 만들 수 없다.

2 0 ℃인 물에 구연산과 설탕, 탄산수소 나트륨을 넣고 만든다.

3 고체는 온도가 높아질수록 용해도가 증가하는 반면, 기체는 온도가 높을수록 용해도가 감소한다. 그 이유는 온도가 높아질수록 기체의 분자 운동이 활발해져서 기체 용질과 용매와의 인력이 감소하기 때문에 기체의 용해도는 감소하게 된다. 하지만 온도가 높아질수록 고체 용질 입자끼리의 인력은 약해지고 용매와의 인력이 증가하기 때문에 고체의 용해도는 증가한다.

해설

1 우리가 일반적으로 먹는 사이다에는 설탕과 이산화 탄소가 들어 있다. 또한, 새콤한 맛을 내기 위해 구연산 등을 넣어 준다. 설탕의 용해도는 온도가 높을수록 크기 때문에 물의 온도를 높여 많이 녹여 주면 단맛을 많이 낼 수 있다. 그러나 탄산수소 나트륨이 분해되며 발생한 이산화 탄소는 물의 온도가 높아질수록 용해도가 작아지므로 기포가 생성되며 모두 용액 밖으로 빠져 나오게 된다. 따라서 톡톡 쏘는 사이다가 만들어지지 않은 것이다.

2 일반적으로 높은 온도의 물에 설탕을 녹인 후 기체의 용해도가 큰 온도로 온도를 낮추어 탄산수소 나트륨을 넣으면 안 된다. 온도에 따라 녹을 수 있는 최대 용해도가 있으므로 온도를 낮추게 되면 그만큼 설탕이 석출되어 나오게 된다. 따라서 기체가 최대한 녹을 수 있도록 너무 낮지 않은 온도를 유지하여 실험해야 한다.

15 소금은 아세톤과 어떤 반응을 할까?

정답

1 소금은 아세톤에 녹지 않기 때문에 헝겊 주머니 속 소금의 양은 일정하다.

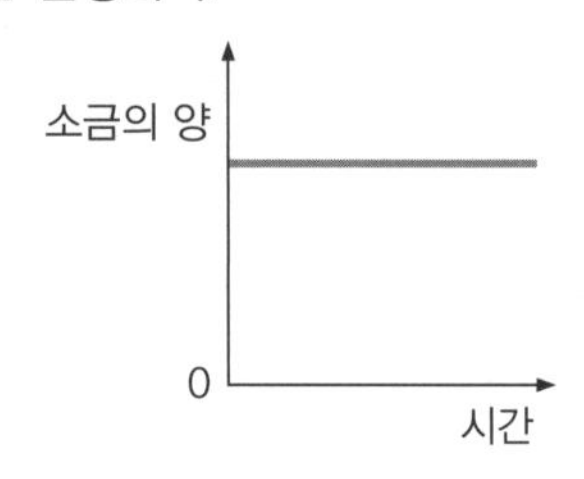

2 시트르산은 아세톤에 녹기 때문에 헝겊 주머니 속 시트르산의 양은 줄어든다. 처음에는 시트르산의 녹는 속도가 빠르지만, 시간이 지남에 따라 녹아 있는 시트르산이 증가하므로 시트르산의 녹는 속도가 느려진다.

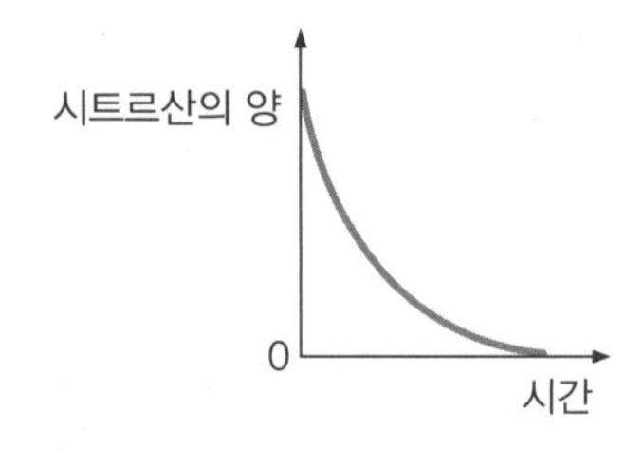

해설

1 소금은 아세톤에 녹지 않아 소금의 양이 변하지 않는다.

2 처음에는 빨리 녹다가 천천히 녹는 것을 표현한 그래프이다. 시트르산은 아세톤에 녹기 때문에 위의 그림과 같은 그래프가 나온다.

16 결정이 석출되지 않는 과포화 상태

정답

1 응결핵이 없기 때문이다.

2 아세트산 나트륨 가루가 응결핵 역할을 하기 때문이다.

3 ㄱ, ㄷ

해설

대기 중에서 수증기가 응결하여 구름이 생성되는 경우에 중심이 되는 고체나 액체의 작은 입자인 응결핵이 필요하다. 아세트산 나트륨 결정이 잘 생기지 않는 이유는 응결핵이 없기 때문이다. 그래서 아세트산 나트륨 가루를 첨가하면 아세트산 나트륨 가루가 응결핵이 되어 결정이 잘 만들어지는 것이다.

3 ㄱ. 구름에 아이오딘화 은 입자를 태워서 뿌리면 아이오딘화 은이 응결핵 역할을 해서 과포화 상태에 있던 물이 응결되어 비가 온다.

ㄴ. 눈이 쌓인 도로에 염화 칼슘을 뿌리면 도로가 얼지 않는 것은 어는점을 내려 물이 얼지 않도록 하는 것이다.

ㄷ. 물을 끓일 때 끓임쪽을 넣으면 끓임쪽이 응결핵 역할을 해서 갑자기 큰 물방울이 생기는 것을 방지할 수 있다.

ㄹ. 수증기가 많이 포함된 공기가 찬 지역으로 이동하면 응결되어 안개가 생기게 된다. 그러나 응결핵에 해당하는 부분이 없어서 문제 2와 같은 원리에 의해 해당하지 않는다.

17 물 중앙에 각설탕을 올려 놓으면?

정답

1 각설탕은 물에 녹아 점점 작아진다.

2 이쑤시개가 각설탕을 향해 움직인다.

3 각설탕이 물에 녹으면 물보다 무거운 설탕 용액이 밑으로 가라앉고 주변의 물이 각설탕 쪽으로 이동하기 때문이다.

해설

이쑤시개가 각설탕에 끌려가면서 마치 각설탕을 향해 움직이는 것처럼 보인다. 설탕은 물에 녹는 성질을 가지고 있다. 그런데 설탕 용액은 물보다 무겁기 때문에 서서히 아래로 가라앉는다. 이 때문에 고요한 물속에 흐름이 생기고, 이 흐름이 이쑤시개를 가운데로 움직이게 한다.

18 붉은색 분수를 생기게 하는 방법

정답

1 압력이 낮아진다.

2
- 기화된 에탄올이 온도가 낮아지면 액화되어 부피가 줄어든다.
- 뜨거운 둥근 플라스크가 식으면서 둥근 플라스크 안의 압력이 낮아진다.

3
- 둥근 플라스크를 더 뜨겁게 하여 실험한다.
- 비커에 얼음을 넣어 붉은색 색소물의 온도를 더 낮춘다.
- 뜨거운 둥근 플라스크 안에 에탄올을 더 넣어 기화된 에탄올로 가득 차게 한다.

해설

실험 결과 시간이 지나면 비커에 담겨 있는 붉은색 색소물이 유리관을 통하여 위로 올라가서 둥근 플라스크 안으로 들어간다. 이때 붉은색 색소물에 얼음을 넣어 차갑게 하고, 둥근 플라스크를 더 뜨겁게 한 다음, 둥근 플라스크 안을 기체 에탄올로 가득 채우면 차가운 붉은색 색소물이 둥근 플라스크 안으로 빠르게 올라가 붉은색 분수가 생긴다. 붉은색 색소물의 온도가 낮으면 둥근 플라스크 안의 온도를 더 낮춰 압력은 더 낮아진다. 둥근 플라스크의 온도가 낮아져 기체 에탄올은 일부 액화되고, 남은 기체 에탄올은 붉은색 색소물에 녹아 압력이 더 낮아진다. 따라서 둥근 플라스크의 온도를 더 높이고 둥근 플라스크 안을 기체 에탄올로 가득 채우면 붉은색 색소물이 둥근 플라스크 안으로 더 빠르게 올라가 붉은색 분수가 생긴다.

19 암모니아 실험

정답

1 붉은색으로 변한다.

2 둥근 플라스크의 온도가 낮아지면서 그 안의 압력은 낮아진다. 이때 페놀프탈레인 용액이 유리관을 통해 올라오면서 암모니아 기체가 물에 녹아 둥근 플라스크 안의 압력은 더 낮아지고, 페놀프탈레인 용액이 분수처럼 올라오게 된다.

3 리트머스 용액과 BTB 용액
리트머스 용액을 사용하면 보라색에서 푸른색으로 변하게 되고, BTB 용액을 사용하면 녹색에서 푸른색으로 변하게 되어 둘 다 푸른색 분수를 볼 수 있다.

해설

기체 온도가 상승하게 되면 분자 간의 운동이 활발해지면서 부피(분자 수)가 증가하게 된다. 그래서 작은 부피라도 온도가 상승하면 그 안에 들어갈 수 있는 분자 수는 온도가 낮을 때보다 적어지게 된다. 실험에서는 뜨겁게 달군 플라스크에 암모니아수를 집어넣어 플라스크 안을 염기성으로 만든 후 차가운 용액을 유리관으로 연결했다. 플라스크가 아직 식지 않았을 때 유리관을 통해 차가운 용액과의 열 교환이 일어나면 플라스크 안의 온도가 내려가게 된다. 그래서 내부의 압력이 낮아지게 되어 비커에 담긴 차가운 용액을 플라스크 내부로 빨아들이게 된다. 일단 비커의 차가운 용액이 플라스크 안에 들어가게 되면 내부의 온도가 급속도로 떨어지면서 압력이 급격히 하락하여 비커 안에 있는 용액을 분수처럼 빨아들이게 된다. 이때 비커 안에는 페놀프탈레인 용액이 혼합되어 있으므로 염기성을 만난 페놀프탈레인 용액의 색이 붉은색으로 변하게 된다.

20 투명한 물이 붉은색으로 변하는 신기한 마술

정답

1 물이 든 2개의 유리컵에 각각 염기성 용액과 산성 용액을 넣고, 나머지 1개의 빈 유리컵에는 페놀프탈레인 용액을 발라 놓는다.

2 지시약은 염기성, 산성, 중성 용액에서 색깔이 변한다.

해설

첫 번째 물이 든 컵에는 물 대신 무색투명한 염기성 용액을 담아 놓는다. 두 번째 물이 든 컵에는 물 대신 무색투명한 산성 용액을 담아 놓는다. 그리고 빈 컵에는 페놀프탈레인 용액을 발라 놓는다. 그런 다음 염기성 용액을 빈 컵에 부으면 염기성 용액이 페놀프탈레인 용액 때문에 붉은색으로 변하고, 여기에 산성 용액을 넣으면 전체 용액이 중화되어 페놀프탈레인 용액의 붉은색이 없어지고 무색으로 된다. 단, 미리 양을 잘 조절해야 한다.

생명 정답 및 해설

21 남부 지방 식물을 북부 지방으로 옮기면?

정답

1 남부 지방은 비가 많이 내려 수분이 많기 때문에 증산작용을 많이 하기 위해 잎이 넓다.
북부 지방은 비가 적게 내려 수분이 적기 때문에 증산작용을 줄이기 위해 잎이 좁다.

2 잘 자랄 수 없다.
온도가 낮고 물과 햇빛의 양이 적은 북부 지방에서는 남부 지방 식물의 생장에 필요한 양분을 충분히 만들 수 없기 때문이다.

해설

1 잎은 각 지방의 기후에 따라 그 모양이 다르다. 남부 지방은 덥고 비가 많이 내리기 때문에 증산작용이 활발히 일어나므로 잎의 모양이 넓다. 그러나 북부 지방은 비가 적게 내려 수분이 적기 때문에 증산작용을 줄이기 위하여 잎이 작다.

2 각 지역에서 살고 있는 식물은 그 지역의 기후에 맞게 생장하고 있다. 즉, 그 지역의 강수량에 따른 적절한 수분의 양과 햇빛의 양을 가지고 생장에 필요한 양분을 광합성을 통해 얻으며 생장한다. 그러나 환경을 변화시켜주게 되면 생장에 필요한 적정한 물의 양과 햇빛, 온도가 맞지 않기 때문에 필요한 양분을 제대로 만들지 못해 결국은 죽게 된다. 따라서 남부 지방에 사는 식물을 북부 지방으로 옮겨 심게 되면 결국 죽게 된다.

22 철새들이 이동할 때 V자 대형으로 날아가는 이유

정답

1 V자 대형에서 뒤로 갈수록 날갯짓 횟수가 적어지는 것으로 보아 앞쪽 새가 만드는 상승기류를 이용하여 뒤쪽 새가 에너지 소모를 줄일 수 있기 때문이다.

2 먼 길을 이동할 때 필요한 에너지를 저장하는 것이다.

3 먹이를 찾고, 번식을 하기 위해서이다.

해설

철새들이 계절에 따라 이동하는 이유는 생존과 번식을 위해서 이동을 하는 편이 유리하기 때문이다. 예를 들어, 제비는 날아다니는 곤충을 잡아먹는데 겨울에는 제비의 먹이가 되는 곤충이 거의 사라지기 때문에 먹이가 있는 남쪽으로 이동하는 것이다. 또한, 철새에게는 이주할 계절이 시작되면 이주를 강요하는 어떤 생리적 변화가 일어난다. 예를 들면, 세크레틴과 같은 호르몬, 과도한 지방의 축적과 같은 생리적 변화 등이 자동적으로 진행된다는 것이 관찰되었다.
그렇다면 철새는 왜 V자 대형을 이루고 날아가는 것일까? 새가 날개를 아래로 퍼덕거릴 때, 두 날개 바깥에서 새의 뒤를 따라 상승기류가 발생한다. 날아가는 데 서로 방해가 되지 않도록 한 새가 다른 새의 날개 끝 바로 뒤에서 날아간다면, 뒤에서 나는 새는 이러한 상승기류를 이용할 수 있다. 따라서 철새는 V자 대형을 이루며 나는 방법으로 최소한의 에너지를 소비하는 것은 철새가 생존을 위해 먼 거리를 날아가는 것에 매우 유용하다. 따라서 이동 전에 피하지방을 축적하고, 이동이 끝난 후에는 체중이 거의 절반으로 줄어드는 새도 있다.

23 닭이 달걀을 품어도 깨지지 않는 이유

정답

1 달걀의 모양이 위에서 누르는 힘을 잘 퍼뜨리기 때문이다.

2 힘을 받는 면적이 넓어 힘이 분산되어 약해지기 때문이다.

해설

달걀은 특별한 모양을 가짐으로써 튼튼해진 예이다. 달걀의 껍데기는 아주 가볍지만 병아리를 만들기 위해 닭이 달걀을 품고 있으면 달걀은 깨지지 않는다. 그 이유는 달걀의 모양이 위에서 누르는 힘을 잘 퍼뜨리기 때문이다. 또한, 압력은 단위 면적당 누르는 힘이므로 누르는 힘이 같아도 닿는 면적이 넓어지면 단위 면적당 누르는 힘은 작아지기 때문에 달걀은 잘 깨지지 않는다. 달걀이 깨질 수 있게 손에 힘을 줄 때는 단위 면적당 눌러서 깨질 수 있는 힘을 전체적으로 주어야 한다.

24 나이테로 방향을 알 수 있는 방법

정답

1 나이테 사이가 좁은 쪽은 북쪽, 나이테 사이가 넓은 쪽은 남쪽이다. 햇빛을 많이 받아 잘 자란 쪽의 나이테 간격이 더 넓기 때문이다.

2 그해 나무가 여러 가지 이유에 의해 잘 자라지 못했다는 것을 알 수 있다.

3 성장 속도의 차이가 없기 때문에 나이테가 생기지 않는다.

해설

나이테는 1년에 1개씩 생기기 때문에 나이테를 보면 나무의 나이를 알 수 있다. 나이테가 1년에 1개씩 생기는 것은 해마다 반복되는 계절 변화와 관련이 있다. 나무는 봄, 여름에 잘 자라서 키가 커지고 둘레도 더 굵어진다. 또한, 봄, 여름에는 낮이 길어 충분한 햇빛을 받을 수 있고 수분도 필요한 만큼 얻을 수 있다. 그래서 나무를 구성하는 세포가 빠르게 커지고, 이때 만들어진 세포는 크고 세포벽도 얇아서 부드럽고 연한 색을 띤다.
하지만 가을과 겨울에는 낮이 짧아져 충분한 햇빛을 받을 수 없고 수분도 충분히 공급되지 않는다. 그래서 나무는 더디 자라고, 더디 자라는 나무는 세포의 크기가 작고 세포벽도 두껍다. 또한, 두꺼운 세포벽은 단단하고 색깔도 진하다. 이 두껍고 진한 세포벽이 바로 나이테이다. 추운 지방에서 자라는 나무일수록 나이테가 더 뚜렷하게 나타난다.

25 달걀이 동그란 공 모양이 아닌 타원형인 이유

정답

1 • 돌고래의 몸은 유선형으로 생겼으며 다리가 퇴화하고 지느러미가 발달해 헤엄치기에 알맞다.
• 오리는 물갈퀴가 있어 물속에서 헤엄치기에 알맞다. 또, 깃털은 기름기가 있어 물에 젖지 않아 몸이 무거워지지 않는다.

2 • 알을 낳기 편하다.
• 잘 굴러가지 않는다.
• 어미가 품기 가장 안정적인 형태이다.
• 외부의 충격으로부터 내용물을 보호한다.
• 새끼가 안정적으로 머물 수 있는 형태이다.

해설

1 • 도마뱀은 꼬리가 다시 생기기 때문에 꼬리를 흔들어 적을 유인한 다음 꼬리를 떨어뜨리고 도망간다. 도마뱀은 몸의 온도가 변하는 변온동물로 낮과 밤의 일교차가 큰 사막에서도 잘 견딜 수 있다.
• 붕어는 전체적인 모양이 유선형으로 생겨 물의 저항을 덜 받으면서 헤엄치기에 알맞다. 허파 대신 아가미가 발달하여 물속에 녹아있는 산소로 호흡한다. 부레와 지느러미가 발달되어 물속에서 헤엄치기에 알맞다.
• 낙타는 등에 있는 혹에 지방이 저장되어 있는데, 물이 부족하면 혹 속의 지방을 분해해 이용한다. 코 주변과 귀 주변에는 털이 많아 모래 먼지가 코와 귀에 들어가는 것을 막아준다. 발가락은 2개이며 발바닥이 커서 땅에 닿는 면적이 넓기 때문에 모래에 잘 빠지지 않고 걸을 수 있다.

2 • 알을 낳을 때 가장 좋은 형태이다. 알이 구형이라면 타원형보다 낳는 데 힘이 3~4배 정도 더 든다고 한다. 특히, 타원형은 끝이 뾰족하다가 점차 넓어지기 때문에 금방 쏙 빠진다고 한다.
• 잘 굴러가지 않는다. 타원형이면 완벽한 구형보다는 땅에 접하는 면적이 작기 때문에 잘 굴러가지 않아서 둥지에서 떨어지는 일이 없다.
• 어미가 품기 가장 안정적인 형태이다. 알들이 완벽한 구형이라면 자꾸만 미끄러지기 때문에 어미가 잘 품지 못한다.
• 산란된 알이 외부의 충격으로부터 내용물을 보호하기 위해서이다. 타원형을 아치형 구조라고도 하는데 아치형 구조는 위에서 힘을 가하면 좌우로 힘을 분산시켜 무너지지 않게 하거나 잘 깨지지 않도록 하는 구조이다.
• 새들의 새끼가 가장 안정적으로 머물 수 있는 형태이다. 아직 병아리가 깨어나지 않은 달걀을 세로로 잘랐을 때, 병아리가 가장 편하게 누워 있었다고 한다. 병아리는 자신이 누운 쪽이 위쪽이라는 것을 금방 알아채고 그쪽으로 나온다. 또, 병아리가 달걀 안에 있을 때, 영양분을 가장 많이 공급받을 수 있는 형태이다.

생명 정답 및 해설

26 모기 물린 부위에 침을 바르면?

정답

1 벌레의 독이 산성 물질이기 때문에 염기성 물질인 암모니아수를 바르면 중화된다.

2 염기성 물질인 침이 산성 물질인 벌레의 독성을 중화시켜 주기 때문이다.

3 사람의 침 속에는 많은 세균이 있기 때문에 세균에 의해 더 악화될 수 있다.

해설

벌레에 물렸을 때 가렵고 붓는 것은 곤충의 독물이 피하조직에 들어가 급성염증을 일으키기 때문이다. 또한, 이 염증은 인체에 발적(빨갛게 부어오르는 현상), 부증(붓는 증상), 발열(열이 나는 것), 통증, 기능 저하 등의 증상을 유발한다. 따라서 벌레에 물린 부위는 약한 산성으로 변하기 때문에 이를 중화시킬 필요가 있다. 이때의 중화제로서는 알칼리성 용액인 묽은 암모니아수를 바르는 것이 좋다. 이밖에 항히스타민제, 항생제 연고도 도움이 된다. 그러나 침을 바르게 되면 아무런 효과가 없으며 오히려 침 속의 세균으로 인해 상처가 덧날 위험이 있다. 침을 발랐을 때 가려움증이 줄어드는 것은 알칼리성 물질인 침이 산성 물질인 벌레의 독성을 중화시켜 단순히 자극을 줄여주기 때문이다. 침은 90%의 물과 유기, 무기물질로 이루어져 있으며 점막 보호 및 항균, 소화 촉진, 혈액 응고 촉진 등의 작용을 한다. 우리의 입 안에서 분비되는 침의 양은 하루 평균 1~1.5 L로 의외로 적지 않다. 하지만 이 침 속에 섞여 있는 항균 단백질 면역 글로불린의 양은 극히 적다. 따라서 침의 항균 면역 효과는 매우 적을 뿐 아니라, 오히려 침 속에 연쇄상 구균 및 포도상 구균 등 1 mL당 1억 마리의 세균이 있어 상처를 악화시킬 위험이 크다.
벌레에 물렸을 경우 중화시킬 수 있는 알칼리성 물질(암모니아수, 항히스타민제, 항생제 연고 등)을 바르고, 없으면 물로 깨끗이 씻거나 독성이 강한 경우에는 얼음찜질로 혈액순환을 억제하는 것이 좋다.

27 냉장고에 넣어둔 빵에서 곰팡이가 생기는 이유

정답

1 냉장고 속은 빛이 없고 축축해 곰팡이가 서식하기 좋은 조건이기 때문이다.

2 김치는 미생물의 작용 결과, 인간에게 유익한 것을 만들어내기 때문이다.

해설

1 곰팡이는 축축하고 빛이 없는 환경에서 급속히 증식한다. 냉장고 속은 저온이기는 하지만 빛이 들지 않고 적당한 습도가 유지되고 있기 때문에 곰팡이가 서식하기 매우 좋은 환경이다. 냉장고에 음식을 보관하면 상온에 보관할 때보다 오래 보관할 수는 있지만, 냉장고와 같이 낮은 온도에도 서식하는 곰팡이나 미생물이 있으므로 이들에 의한 음식물의 부패를 완전히 막을 수는 없다.

2 발효란 미생물이나 곰팡이를 이용해 인간에게 유익한 것을 만드는 과정을 말한다. 이에 비해 부패는 미생물이나 곰팡이의 작용 결과 음식물이 변질되어 인간에게 해로운 것을 만들어낸 것을 말한다. 즉, 발효와 부패는 미생물이나 곰팡이의 작용 결과, 생성된 물질이 인간에게 이로운가, 해로운가를 통해 구분된다.

28 벌은 왜 밤새워 날개짓을 할까?

정답

1 벌들의 날갯짓에 의해 꿀 속에 있는 물이 증발했기 때문이다.

2 꿀에 수분이 많으면 미생물에 의해 꿀을 오래 보관할 수 없기 때문이다.

해설

꽃에 있는 꿀(화밀)을 관찰해 본 적이 있다면 벌꿀에 비해 매우 묽다는 것을 알 수 있다. 꽃꿀은 수분이 75%에 이르지만, 벌꿀은 수분이 20% 내외이다. 벌통 앞에서 벌들이 계속 날갯짓을 하는 것을 본 후 꿀의 양을 확인하면 모아 온 꿀의 양보다 매우 줄어든 것을 확인할 수 있다. 이것은 벌들이 날갯짓을 하며 수분을 날려 꿀을 농축시켰을 것으로 미루어 짐작할 수 있다. 벌들이 날갯짓을 하며 수분을 증발시켜 농도를 증가시키는 이유는 수분 함량이 많으면 미생물에 의해 꿀을 오래 보관할 수 없기 때문이다.

29 깎은 사과와 배가 변색하는 이유

정답

1 사과와 배에 들어 있는 효소(뜸씨)가 공기 중의 산소와 반응하기 때문이다.

2 묽은 소금물에 적셔 두면 산소와의 반응을 막아준다.

3 도금, 페인트칠, 코팅, 도장 등

해설

사과 껍질을 칼로 깎고 나면 사과의 알맹이가 공기 중의 산소와 접촉해서 사과 속에 들어 있는 효소(뜸씨)의 작용으로 변화를 일으켜 변색된다. 깎은 사과는 잠시 묽은 소금물에 담가 두면 산소에 의한 효소 작용을 막을 수 있다. 이와 비슷한 예로는 도금, 페인트칠, 코팅, 도장 등이 있다.

30 사람이 물에 빠져 익사하면 물에 가라앉는 이유

정답

1 0 kg
온 몸이 물에 잠겨 떠 있기 때문에 사람이 받는 중력과 부력의 크기는 같다. 따라서 몸무게는 0 kg이 된다.

2 사람을 구성하고 있는 물질은 몸 안의 기체 성분을 제외하고는 대부분 물보다 밀도가 크다. 물에 빠져 익사하게 되면 몸 안의 공기가 빠져 나가 부력이 작아져서 가라앉게 된다.

3 물에 가라앉은 후에 시간이 지나면 시체가 부패하여 내부에 가스가 차서 부력이 증가한다. 부력이 증가하여 중력보다 커지면 시체가 떠오르게 된다.

IV 지구 정답 및 해설

31 북쪽 하늘의 별들이 둥근 원호를 그리는 이유

정답

1 북극성

2 그려진 원호는 지구의 자전에 의해 별들이 북극성을 중심으로 동쪽에서 서쪽으로 회전하는 것처럼 보이는 상대적인 운동의 흔적이다.

3 굵은 원호는 밝은 별이 이동한 흔적이고, 가는 원호는 어두운 별이 이동한 흔적이다.

해설

별의 일주운동은 별들이 북극성을 중심으로 하루에 한 바퀴씩 회전하는 현상을 말한다. 일주운동은 지구의 자전 때문에 나타나는 현상으로, 방향은 지구 자전 방향의 반대인 동쪽에서 서쪽이며, 지표면에서 북극성을 바라보았을 때 반시계 방향이 된다. 북반구의 별들은 천구의 북극을 중심으로 1시간에 15°씩 동쪽에서 서쪽으로 일주운동을 하므로 어느 방향을 촬영하느냐에 따라 일주운동의 방향이 다르게 나타난다. 동쪽 하늘에서는 별들이 대각선 위로 이동하고, 남쪽 하늘에서는 왼쪽에서 오른쪽으로, 서쪽 하늘에서는 대각선 아래 방향으로 이동한다. 또, 사진을 찍었을 때 보이는 호는 별이 지나간 자취이고, 각 호의 중심각의 크기는 모두 같으며, 각 호의 중심에서 움직이지 않는 별은 북극성이다.

32 별자리를 이용하여 북극성을 찾는 방법

정답

1

2

3 별자리의 위치가 시간에 따라 달라지는 이유는 지구가 하루에 스스로 한 바퀴 자전하기 때문이다.

4 별자리가 시간에 따라 달라지는 정도는 24시간에 360° 움직이므로 1시간에 15°씩 반시계 방향으로 움직인다.

해설

1 1시간에 15°씩 서쪽에서 동쪽으로 이동하므로 밤 9시에서 새벽 3시까지는 6시간이 걸린다. 따라서 서쪽에서 동쪽으로 90° 이동했다.

2 카시오페이아 자리는 북극성의 반대편에 위치해 있다.

33 일주일 중 해륙풍이 가장 강했던 날은?

정답

1 월요일
육지와 바다의 온도차가 가장 크기 때문이다.

2 토요일
바다와 육지의 온도차가 가장 적어 태양에너지를 많이 받지 못했기 때문이다.

해설

해륙풍은 해수와 육지의 온도차에 의하여 생기는데 다른 날보다 월요일의 해수와 육지의 온도차가 크기 때문에 해륙풍이 강했을 것으로 예상할 수 있다. 또한, 태양에너지를 많이 받지 못했기 때문에 해수와 육지의 온도가 비슷한 토요일이 가장 흐렸을 가능성이 높다.

34 시골에서도 산성비가 내리는 이유

정답

1
- 농작물에 피해를 준다.
- 역사 유적과 문화재를 상하게 한다.
- 땅을 산성화하여 식량 생산을 감소시킨다.
- 금속과 시멘트 구조물을 빨리 녹슬게 한다.
- 호흡기, 눈, 피부와 머리카락에 해를 끼친다.

2 공기와 물은 한 곳에 머물러 있지 않고 순환하기 때문이다.

3
- 발전소, 공장에 탈황 장치를 설치한다.
- 대중교통을 이용하여 자동차 배기가스를 줄인다.
- 대체에너지를 개발하고 산성 오염 기체를 줄인다.

해설

2 산성비 현상은 배출원으로부터 수천 km 떨어진 곳에까지 영향을 미치는 것으로 알려져 있다. 따라서 오염 배출원이 전혀 없는 청정지역이라 해도 산성비가 내릴 수 있다. 즉, 산성비 문제는 다른 나라에도 영향을 줄 수 있다.

3 산성비에 들어 있는 물질들은 이산화황과 질소 산화물이란 것들로 빗물에 녹아서 산을 만든다. 이산화황은 석탄이나 석유 등의 화석연료를 땔 때 발생하고, 질소 산화물은 자동차와 공장의 배기가스에서 배출된다.

35 건습구 습도계와 습도의 관계

정답

1 습도가 낮을수록 습구 온도계에서 증발이 많이 일어나면서 열을 많이 빼앗긴다. 따라서 습구 온도계의 온도가 많이 내려가므로 건구와 습구의 온도차가 생기게 된다.

2 • 숯을 이용한다.
• 제습기를 사용한다.
• 보일러를 틀거나 난로를 피워 방 안의 온도를 높인다.

3 반비례 관계

해설

물이 증발할 때 온도가 낮아지는 것을 이용한 것이 건습구 습도계이다. 건습구 습도계에는 온도계를 두 개 사용한다. 하나는 온도계 자체를 놓고, 다른 하나는 물에 적신 헝겊을 감싼 온도계를 사용하게 된다. 그러면 하나는 지금의 온도를 나타내고, 다른 하나는 물이 증발하면서 낮아진 온도를 나타낸다. 건조하면 물이 많이 증발해서 습구(헝겊에 싼 온도계)의 온도는 낮을 것이고, 습하면 물이 조금 증발해서 습구의 온도는 건구의 온도와 비슷할 것이다. 이 두 개의 온도계의 차이로 습도를 알아내는 것이다. 그 차이를 습도표에 이용하면 습도를 알 수 있다.
건습구 습도계는 구조와 취급이 간단하지만 물이 증발하면서 열을 빼앗아가는 원리를 이용하기 때문에 저온에서는 측정할 수 없다는 단점이 있다.

36 구름의 양과 기온의 관계

정답

1 오늘은 구름이 없이 맑고, 낮 최고기온은 25 ℃로, 남동풍이 부는 화창한 날씨입니다.

2 구름의 양이 많을수록 기온은 낮다.

해설

구름이 가장 많이 끼었던 어제의 낮 최고기온이 16℃로 가장 낮고, 흐렸던 그제의 낮 최고기온이 20℃, 맑은 오늘의 낮 최고기온이 25℃로 가장 높으므로 구름이 많이 낀 날일수록 낮 최고기온이 낮다.

37 습도가 높을수록 더위를 잘 느끼는 이유

정답

1 피부에 땀이 흐르게 되면 더위를 느끼게 되는데 습도가 높으면 높을수록 땀이 잘 증발하지 않기 때문이다.

2 우리 몸이 가까이에 있는 공기층을 데우면 바람은 데워진 공기층을 몰고 가 버려 우리 몸 가까이에는 다시 찬 공기가 채워지기 때문이다.

해설

1 기온이 18 ℃가 될 때부터 우리 몸에서는 땀이 분비된다. 이때의 수분은 곧 공기 중으로 증발해 버리기 때문에 사람들은 더운 줄 모르고 지낸다. 그러나 온도가 올라갈수록 수분의 분비량도 많아지는데, 습도가 높으면 높을수록 수분의 증발이 점점 늦어지면서 결국은 수분의 증발이 중지되고 만다. 이때 피부의 표면에 남게 되는 것이 바로 땀이고, 땀으로 인해 더위를 느끼게 된다.

2 추운 겨울에 바람이 불면 더 춥게 느껴지는 것은 바람이 셀수록 우리 몸에 닿는 찬 공기의 양은 많아지고 이에 따라 우리 몸에서 빼앗기는 열의 양도 많아지므로 더욱 춥게 느껴지는 것이다. 또한, 우리 피부는 숨구멍을 통해 수분을 증발시키는데 액체가 증발하려면 열이 있어야 된다. 그런데 공기가 움직이지 않는다면 몸에서 나온 열이 천천히 빼앗기므로 그만큼 추위를 덜 느끼지만 바람이 불게 되면 몸 주위의 공기를 재빨리 쫓아내므로 추위를 더 느끼게 되는 것이다.

38 백엽상이 설치된 장소의 특징

정답

1 공기의 온도는 지표면에서 가까울수록 높고, 높이 올라갈수록 낮아지므로 일정한 높이(1.5 m)에서 재기로 약속한 것이기 때문이다.

2 지표면에서 나오는 복사열이 직접 전달되는 것을 막기 위한 것이다.

3 직사광을 직접 받지 않으며 비나 눈도 잘 들어가지 않고 통풍이 잘 되게 하여 백엽상 내부의 기상 상태를 관측 지점의 기상 상태와 동일한 조건이 되게 하기 위한 것이다.

4 햇빛의 열이 온도계와 습도계에 영향을 주지 않도록 반사시키기 위한 것이다.

해설

백엽상은 온도와 습도를 재기 위한 기상 관측용 장비가 설치된 작은 집 모양의 백색 나무 상자를 말한다. 백엽상의 겉면이 백색인 이유는 햇볕의 열이 백엽상 내부에 흡수되는 것을 막기 위해서이다. 또한, 사방의 벽을 겹비늘 창살 형태로 만드는 이유는 직사광을 직접 받지 않으며 비나 눈도 들어가지 않고, 통풍이 잘되게 하기 위해서이다. 땅에서 올라오는 열의 영향을 받지 않도록 땅 위 1.5 m 높이로 잔디밭이나 풀밭에 세운다. 관측 시 직사광이 내부에 드는 것을 방지하기 위해 북쪽에 입구를 뚫어놓고 거기로 관측한다. 내부에는 최고온도계, 최저온도계, 자기온도계, 습도계 등이 보통 설치되어 있다.

39 모닥불의 연기를 피하는 방법

정답

1 늦은 저녁에는 육지에서 바다로 바람(육풍)이 불기 때문에 장작불의 연기는 바람을 따라 바다 쪽으로 이동한다. 따라서 바닷가와 모닥불 사이에만 앉지 않으면 연기를 피할 수 있다.

2 여름에는 낮의 길이가 길어서 하루의 최고 기온도 높고, 최저 기온도 높기 때문이다.

해설

1 뜨거운 공기는 위로 올라가고 차가운 공기는 아래로 내려가는 성질이 있는데 바람은 공기가 이동하기 때문에 분다. 바닷가에서는 낮에 부는 바람과 밤에 부는 바람의 방향이 반대 방향이다. 낮에는 바다에서 육지를 향해 해풍이 불지만, 밤에는 반대로 육지에서 바다를 향해 육풍이 분다. 그 이유는 육지와 바다 위의 공기의 온도가 다르기 때문이다. 낮에는 육지가 바다보다 금방 뜨거워지고, 육지의 뜨거워진 공기는 위로 올라간다. 이때 생긴 빈 공간을 바다 쪽에서 이동한 공기가 채우는데, 공기가 이렇게 이동하면서 바다에서 육지로 해풍이 분다.
반대로 밤에는 육지가 바다보다 열이 금방 식어 더 빨리 차가워지고, 육지보다 온도가 높은 바다 위의 공기가 위로 올라가면 그 빈 공간을 육지에서 이동한 공기가 채운다. 그래서 밤에는 육지에서 바다로 바람이 분다.

2 일교차는 하루의 최고 기온과 최저 기온의 차를 말하는 것이다. 일교차는 고위도 지방이 저위도 지방보다 크며, 맑은 날이 흐린 날보다 크다. 또한, 봄이나 가을에 일교차가 가장 크고 여름철에는 최고 기온이 높고 최저 기온도 높아 일교차가 작다. 일교차가 작으므로 여름에는 감기에 잘 걸리지 않는다.

40 요구르트병으로 만든 간이 온도계

정답

1 요구르트병 안의 물보다 요구르트병이 먼저 차가워져서 부피가 약간 작아지기 때문에 요구르트병 안의 물이 일시적으로 밀려 올라갔다가 찬물에 의해 부피가 감소해 물이 천천히 내려간 것이다.

2 유리병은 온도에 따라 부피가 잘 변하지 않으므로 요구르트병 대신 유리병을 사용한다.

해설

요구르트병으로 만든 간이 온도계는 요구르트병이 온도에 따라 부피 변화를 해서 붉은 물의 높이에 영향을 준다. 간이 온도계를 따뜻한 물이 아닌 뜨거운 물에 넣으면 요구르트병의 부피가 약간 커지기 때문에 빨대의 붉은 물이 약간 내려갔다가 올라가기 시작한다.

V 융합 정답 및 해설

41 비와 관련된 속담의 과학적 해석

정답

1 통계적으로 청개구리가 울면 약 30시간 이내에 비가 내릴 확률이 60~70% 정도라 한다. 개구리는 피부로 숨을 쉬기 때문에 기압이 낮아지고 습기가 많아지면 호흡을 하는 데 지장을 받는다. 따라서 호흡량을 늘리기 위해 평소보다 많이 울게 된다.

2 달무리나 햇무리는 약 8 km 높이에서 권층운이 발달할 때 생기는 것으로, 구름 알갱이에 달빛이나 햇빛이 굴절되어 나타난다. 권층운은 온난 전선의 앞쪽에 발달하므로 머지않아 온난 전선이 도달하면서 비가 내릴 것이다.

3 비가 오기 전 습기가 많아지면 곤충들의 날개가 무거워져서 낮게 날게 되고, 제비도 먹이를 찾아 낮게 날게 된다.

4 흐리거나 비가 오는 날에는 저기압으로 인해 주위의 기압이 낮아지기 때문에 상승기류를 타고 화장실이나 하수구 냄새가 땅 위로 올라오게 된다.

해설

문제에 제시된 속담 외에도 비와 관련된 속담이 있는데, 이것은 우리 선조들의 삶의 지혜에서 비롯된 것이다.

- 개미가 이사하면 비온다: 개미는 습기 감지에 매우 예민해서 기압이 내려가게 되면 비가 올 것을 예감하고 안전한 지대로 옮겨 가는 습성이 있다. 그래서 개미가 긴 행렬을 이루어 이동하면 비가 오는 경우가 많다.
- 종달새가 울면 비가 온다: 날씨에 민감한 종달새가 울면서 하늘 높이 올라가면 기압이 낮아서 비가 올 것을 예상할 수 있다.
- 물고기가 물 위로 입을 내놓고 숨을 쉬면 비가 온다: 기압이 낮아지면 물 속 산소가 증발되어 물고기들이 호흡하기 힘들어 진다. 그래서 물고기기 물 위로 떠올라 숨을 쉬면 비가 올 확률이 높다.

42 지하철이 들어올 때 바람이 부는 이유

정답

1 지하철이 터널 안에 있는 공기를 밀면서 주행하기 때문이다.

2 • 터널을 넓게 만든다.
터널이 넓을수록 지하철의 옆쪽으로 퍼져 나가는 공기가 많아져 지하철에 의해 밀리는 공기가 적어지기 때문이다.
• 스크린 도어를 설치한다.
스크린 도어에 의해 공기가 옆으로 퍼지지 않고 앞으로 이동하기 때문이다.

해설

지하철 진입 시 바람이 부는 이유는 열차가 터널 안에 있는 공기를 밀면서 주행하기 때문이다. 그래서 터널에서 빠져 나오면 밀려온 공기가 옆쪽으로 퍼지면서 앞쪽으로 밀리기 때문에 바람이 부는 것이고, 이 바람을 열차 풍이라 한다. 터널이 좁을수록 상대적으로 많은 공기가 밀려온다. 따라서 터널이 넓을수록 지하철의 옆쪽으로 퍼져 나가는 공기가 상대적으로 많아져서 바람의 강도를 약하게 할 수 있다.

43 밀폐된 용기 속 공기를 압축하면 탁구공의 움직임은?

정답

1 위로 조금 뜬다.
공기의 밀도가 높아져 공기의 부력을 더 받기 때문이다.

2 물 위로 좀 더 뜬다.
물의 부력은 변화가 없지만 공기의 부력을 더 많이 받기 때문이다.

해설

1 그림 (가)에서는 공기의 부력을 받아 좀 더 위로 뜨게 될 것이다. 그 이유는 공기가 압축되면 전반적으로 용기 내의 밀도가 높아지게 되고 따라서 공기의 부력을 더 받기 때문이다.

2 그림 (나)에서는 물 위로 더 뜨게 될 것이다. 탁구공은 두 유체(물과 공기)로부터 부력을 받는다. 즉, 탁구공이 받는 총 부력은 물속에 잠긴 탁구공의 부피와 같은 공기의 무게를 합한 크기이다. 만일 밀폐된 용기 속에 공기를 더 넣으면 공기의 밀도가 증가하므로(압력이 커지므로) 탁구공이 공기로부터 받는 부력은 더 커져 처음보다 더 높이 뜨게 된다.

44 주사기 속 스티로폼으로 만든 인형의 모양 변화

정답

1 전체적으로 작아진다.

2 전체적으로 커진다. (또는 원래의 크기로 된다.)

3 공기에 압력을 가하면 스티로폼 인형은 모든 방향으로 똑같은 압력을 받기 때문이다.

해설

주사기 피스톤을 누르면 주사기 속의 공기가 누르는 힘, 즉 압력이 커져 스티로폼으로 만든 인형은 모든 방향으로 같은 압력을 똑같이 받게 되어 인형 전체가 찌그러져서 작아진다. 위와 아래, 그리고 옆의 모양도 압력을 받아 작아지는 모습을 보인다. 반대로 주사기의 피스톤을 당기면 공기를 누르는 힘이 작아져서 스티로폼으로 만든 인형은 원래의 크기로 된다. 압력이란 단위 면적당 작용하는 힘을 말하며 공기나 물과 같은 폐쇄된 유체에 압력을 가하면 압력이 고르게 전달된다. 주사기 속 스티로폼으로 만든 인형의 크기 변화가 스티로폼으로 만든 인형에 가해지는 압력이 인형의 모든 표면에 수직으로 작용되고 있음을 보여 주는 것이다. 스티로폼으로 인형을 만들기 어려우면 조그마한 풍선을 이용한 방법도 생각해 볼 수 있다. 풍선을 넣고 피스톤을 반대로 당기면 풍선이 당겨져 길이가 늘어난다. 또한, 페트병에 스티로폼으로 만든 인형이나 풍선을 넣고 자전거 펌프를 이용하여 공기를 넣어 압력을 높이는 방법도 있다. 이런 방법으로 실험을 하면 커지고 작아지는 모양을 더욱 뚜렷하게 관찰할 수 있다.

45 빨간색이 보이는 원 조각이 많은 이유

정답

1 빨간 색연필은 물보다 에테르와 친하기 때문이다.

2 에테르 대신 사염화탄소를 넣는다.
사염화탄소는 물보다 밀도가 높고 빨간 색연필과 친하므로 빨간 색연필이 칠해진 면은 바닥을 향하게 된다. 따라서 위에서 볼 때 하얀색이 보이는 원 조각의 개수가 많아진다.

해설

빨간 색연필은 기름 성분이라서 에테르와 사염화탄소와 친하고 물과는 친하지 않다. 즉, 빨간 색연필을 칠한 면은 에테르와 사염화탄소 쪽을 향하게 된다. 에테르는 물보다 밀도가 낮아서 물 위에 떠있으므로 위에서 볼 때 빨간색이 보이는 원 조각의 개수가 더 많이 나타난다. 반면, 에테르 대신 사염화탄소를 넣으면 물보다 밀도가 높은 사염화탄소는 밑으로 가라앉고 빨간 색연필을 칠한 면이 사염화탄소와 친하므로 위에서 볼 때 하얀색이 보이는 원 조각의 개수가 더 많다.

46 물층만 색소의 색깔을 띠는 이유

정답

1 넣은 색소 가루가 수성이기 때문에 물에서만 용해된다. 따라서 물층만 색소의 색깔을 띤다.

2 유성인 색소 가루를 넣는다.
유성인 색소 가루는 물에서는 용해되지 않고, 에테르와 사염화탄소에서는 용해되기 때문이다.

해설

에테르, 물, 사염화탄소는 밀도가 다르다. 에테르와 사염화탄소는 유기 용매와 잘 섞이고, 물은 유기 용매와 잘 섞이지 않는다.

47 그릇이 저절로 움직이는 이유

정답

1 그릇과 식탁 사이 공간에 있는 공기의 압력

2 뜨거운 물에 의해 그릇과 식탁 사이 공간에 있는 공기의 압력이 증가하여 그릇을 위로 들어 올린다. 그러면 그 틈으로 공기가 빠져 나가면서 반대 방향으로 그릇을 밀게 되어 미끄러진다.

3 그릇 밑에 휴지나 젓가락 등을 넣는다.
그릇 아래 공간이 밀폐되지 않게 하면 공기 팽창에 의해 그릇이 움직이지 않는다.

해설

컵이나 그릇의 바닥을 보면 오목하게 공간이 있는데, 그릇을 식탁 위에 내려놓게 되면 그릇의 바닥에 있는 그 공간에 공기 분자들이 갇히게 된다. 그릇에 뜨거운 어묵 국물을 붓게 되면 잠시 후에는 그릇을 통해 바닥에 있는 공기 분자들에도 열에너지가 전달된다. 열에너지를 전달받은 공기 분자들은 온도가 올라가서 분자운동이 활발해진다. 갇혀 있던 공기 분자의 수나 부피는 일정하므로 압력이 증가하게 된다. 이 압력으로 컵을 위로 들어 올리게 되면 공기 분자들이 그 틈으로 빠져 나가면서 그릇을 밀게 되어, 식탁 위에서 그릇이 미끄러지기 시작한다. 그릇 밑 부분에 휴지나 젓가락 등을 이용하여 그릇 아래 공간이 밀폐되지 않게 하면 공기 팽창에 의해 그릇이 움직이지 않는다.

48 바퀴 달린 물통에 구멍을 내면 어디로 움직일까?

정답

1 왼쪽
구멍에 가해지는 힘은 깡통에 가해지지 않으므로 내부에서 깡통에 가해지는 힘은 오른쪽보다 왼쪽에 더 크게 작용한다.

2 오른쪽
구멍에 가해지는 힘이 깡통에 가해지지 않으므로 외부에서 깡통에 가해지는 힘은 왼쪽보다 오른쪽에 더 크게 작용한다.

3 오른쪽
구멍에 가해지는 힘이 물통에 가해지지 않으므로 내부에서 물통에 가해지는 힘은 왼쪽보다 오른쪽에 더 크게 작용한다.

해설

문제 1과 같이 압축된 공기가 깡통에서 빠져 나가면 마치 로켓처럼 왼쪽으로 움직인다. 그리고 문제 2와 같이 내부가 진공인 깡통에 구멍을 내면 공기가 깡통 구멍을 통해 왼쪽으로 들어간다. 진공 상태가 공기로 메워지면서 이 깡통은 오른쪽으로 움직인다.
다음 그림과 같이 물을 가득 담은 수레는 오른쪽으로 가속되는데 그것은 오른쪽 벽에 대한 물의 힘이 왼쪽 벽에 대한 물의 힘보다 크기 때문이다. 왼쪽에 가해지는 힘이 작은 이유는 배출구에 작용하는 힘이 수레에는 가해지지 않기 때문이다. 공기가 든 깡통의 경우도 이와 비슷하다. 구멍에 작용하는 힘은 깡통의 경우에도 가해지지 않으므로 이와 같은 불균형이 깡통을 오른쪽으로 가속시킨다.

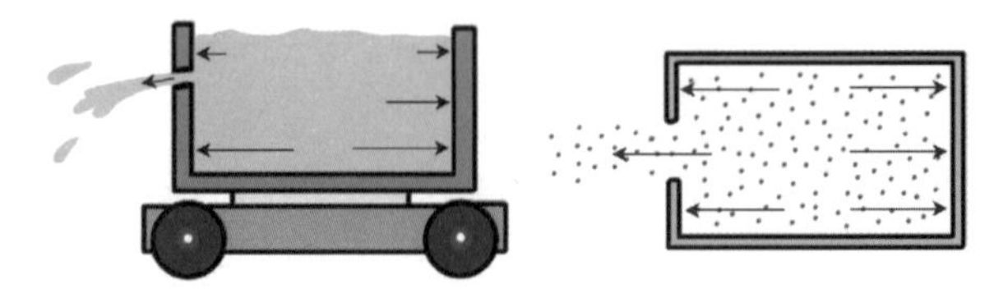

49 물의 성질을 알아볼 수 있는 실험 장치

정답

1 실험 장치에서 두 용기의 물의 높이가 같으므로 수압이 작용하지 않는다. 따라서 물은 흐르지 않는다.

2 실험 장치에서 두 용기의 물의 높이가 같아질 때까지 수압이 작용한다. 따라서 왼쪽과 오른쪽 용기의 물의 높이가 같아질 때까지 물은 왼쪽에서 오른쪽으로 흐른다.

3 왼쪽 용기 위에 뚜껑이 있기 때문에 물을 눌러 줄 공기의 압력이 없어서 물이 흐르지 않는다.

4

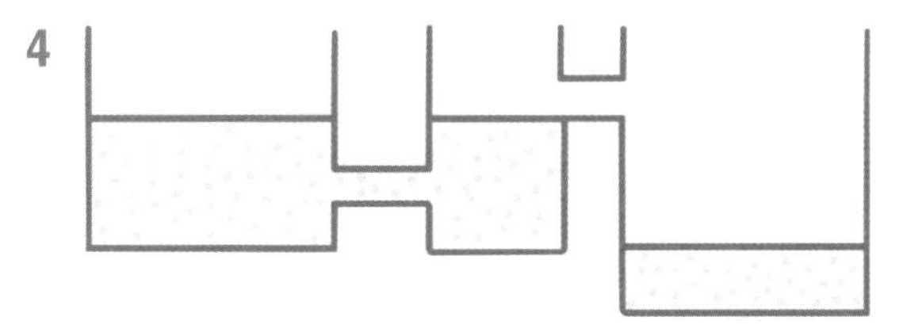

물의 높이가 같아질 때까지 수압이 작용하여 왼쪽 용기의 물이 가운데 용기로 이동한다. 높이가 같아지기 전에 오른쪽 용기에 연결된 관으로 물이 흐르기 때문에 왼쪽 용기와 가운데 용기 안의 물의 높이는 오른쪽 용기에 연결된 관의 높이와 같고, 그 이상의 물은 전부 오른쪽 용기에 쌓인다.

해설

두 용기의 물의 높이(수위)의 차이로 인해 생기는 수압에 의해 물이 이동한다. 그러나 뚜껑이 있는 경우에는 대기압을 차단해 주기 때문에 물은 이동하지 못한다.

50 페트병 안으로 풍선을 부는 방법

정답

1 우현
풍선의 내부 압력이 증가할수록 페트병 내부의 압력이 증가하기 때문이다.

2 (풍선의 내부 압력)
= (풍선의 외부 압력)
= (페트병의 내부 압력)
이므로 풍선의 크기는 크게 줄어들지 않는다.

3 구멍을 막았던 손가락을 치우면 탄성에 의해 풍선이 수축하고, 구멍을 통해 페트병의 내부로 공기가 들어가 페트병의 내부의 압력이 대기압과 같아지므로 풍선이 쭈그러든다.

해설

1 풍선을 불면 늘어난 공기 분자의 충돌에 의해 풍선의 내부 압력이 증가한다. 풍선의 내부 압력이 풍선의 외부 압력(=페트병의 내부 압력)과 같아질 때까지 고무풍선의 부피가 증가한다. 페트병이 밀폐되어 있어 풍선의 내부의 압력이 증가할수록 페트병의 내부 압력도 증가하여 불기 어렵다.

2 페트병의 구멍을 막은 후 풍선 입구에서 입을 떼었을 때,
(풍선의 내부 압력) = (풍선의 외부 압력)
= (페트병의 내부 압력)
이므로 풍선의 모양은 크게 변하지 않는다.

3 구멍을 막았던 손가락을 치우면 탄성에 의해 풍선이 수축하면서 풍선의 입구로 공기가 빠져나가고 페트병의 구멍으로 공기가 들어간다. 그리고 페트병의 내부 압력이 대기압을 유지할 수 있으므로 일상생활에서 흔히 보는 것처럼 풍선이 쭈그러든다.

영재성검사 창의적 문제해결력 검사
기출문제 정답 및 해설

1

모범답안

50개

해설

모퉁이에 배열된 사분원 4개가 모여 1개의 원이 되는 경우가 최대가 되어야 한다.
따라서 다음과 같은 모양으로 배열하여 직사각형을 만들었을 때 가장 많은 원을 만들 수 있다.

또는

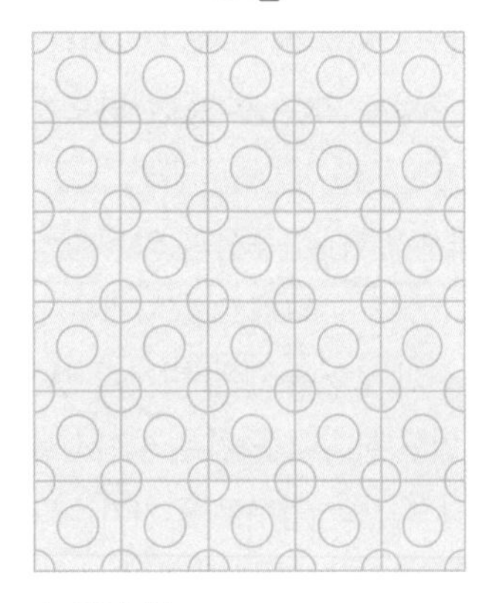

∴ $6\times5+5\times4=50$(개)

2

모범답안

25개

해설

1번 방부터 순서대로 선택하면 다음과 같이 방을 묶을 수 있다.
(1, 2, 4, 8, 16, 32): 6개로 묶인 방−1개
(3, 6, 12, 24, 48): 5개로 묶인 방−1개
(5, 10, 20, 40): 4개로 묶인 방−1개
(7, 14, 28) (9, 18, 36) (11, 22, 44):
3개로 묶인 방−3개
(13, 26) (15, 30) (17, 34) (19, 38) (21, 42) (23, 46):
2개로 묶인 방−6개
25, 27, 29, 31, 33, 35, 37, 39, 41, 43, 45, 47, 49:
1개인 방−13개
따라서 총 25개의 방으로 묶이게 된다.

3

모범답안

- 칼=금화 5개
- 방패=칼 2사루+금화 3개
  =금화 (5×2)개+금화 3개
  =금화 13개
- 갑옷=방패 2개+금화 4개
  =금화 (13×2)개+금화 4개
  =금화 30개
- 말=칼 1자루+방패 3개+갑옷 2벌
  =금화 5개+금화 (13×3)개+금화 (30×2)개
  =금화 5개+금화 39개+금화 60개
  =금화 104 개

따라서 4가지 장비를 모두 사기 위해서 필요한 금화의 개수는 5+13+30+104=152(개)이다.

4

모범답안

〈가〉 □×10
〈나〉 15
〈다〉 없음

해설

10, 20, 30의 수를 포함하므로 〈가〉는 □×10이다.
〈나〉는 3의 배수이면서 5의 배수이고, 30을 제외한 수이므로 15이다.
〈다〉는 1~30까지의 수에서 10의 배수이면서 10, 20, 30을 제외한 수이므로 해당하는 수는 없다.

5

모범답안

1249쪽

해설

1에서 9까지 한 자리 수는 모두 9개 있으므로 사용된 숫자의 개수는
9개
10에서 99까지 두 자리 수는 모두 90개 있으므로 사용된 숫자의 개수는
90×2=180(개)
100에서 999까지 세 자리 수는 모두 900개 있으므로 사용된 숫자의 개수는
900×3=2700(개)
즉, 1쪽부터 999쪽까지 사용된 숫자의 개수는
9+180+2700=2889(개)
3889−2889=1000이므로 1000개의 숫자로 만들 수 있는 네 자리 수의 개수는
1000÷4=250(개)
따라서 이 책은 모두 999+250=1249(쪽)이다.

6

예시답안

리듬악보	분수의 덧셈식
$\frac{6}{8}$	$\frac{1}{2}+\frac{1}{4}=\frac{6}{8}$
$\frac{6}{8}$	$\frac{1}{2}+\frac{1}{8}+\frac{1}{8}=\frac{6}{8}$
$\frac{6}{8}$	$\frac{1}{8}+\frac{1}{16}+\frac{1}{16}+\frac{1}{2}=\frac{6}{8}$
$\frac{6}{8}$	$\frac{1}{4}+\frac{1}{4}+\frac{1}{4}=\frac{6}{8}$
$\frac{6}{8}$	$\frac{1}{4}+\frac{1}{8}+\frac{1}{16}+\frac{1}{16}+\frac{1}{4}=\frac{6}{8}$

해설

$\frac{6}{8}$을 단위분수로 나타낼 수 있는 방법을 찾는다. 같은 분수나 같은 음표, 쉼표를 중복해서 사용하기보다는 다양한 조합으로 악보를 만들도록 한다.

7

모범답안

규칙: 삼각형의 한 변에 놓인 수들의 합이 삼각형 안의 수가 된다.

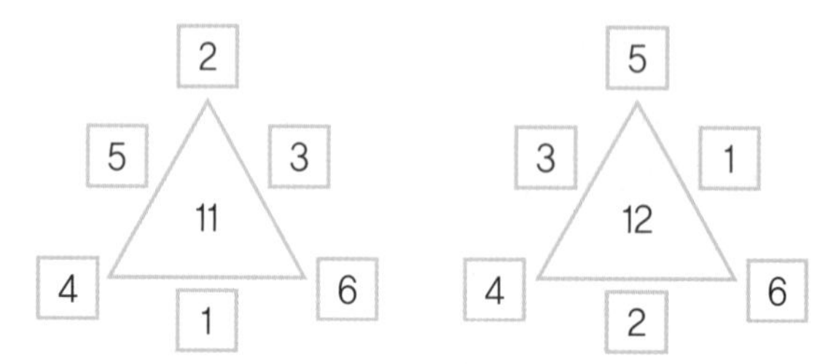

해설

1부터 6까지의 수의 합은 21이고, 각각의 삼각형의 세 변에 놓인 수의 합은 각각 33과 36이다.
주어진 수를 이용해 33−21, 36−21의 값을 만들 수 있는 3개의 수를 찾아 삼각형의 각 꼭짓점에 올 수 있도록 한 후, 삼각형의 한 변에 놓인 수들의 합을 이용하여 나머지 수를 구한다.

8

예시답안

(1) 식탁에 국그릇을 올리면 국그릇 아랫부분에 있는 공기가 밀폐되어 국으로부터 열이 전달되면서 공기의 온도가 올라가고 공기의 부피가 증가한다. 이때 그릇 한쪽이 살짝 들어 올려지면서 공기가 빠져나가 반작용으로 그릇이 반대쪽으로 이동한다.

(2) • 열기구 풍선 속 공기를 가열하면 열기구가 떠오르는 현상
- 전자레인지에 삶은 달걀을 넣고 돌리면 달걀이 깨지는 현상
- 찌그러진 탁구공을 끓는 물에 넣으면 찌그러진 부분이 펴지는 현상
- 여름철 야외에 주차한 차 안에 넣어 놓은 과자 봉지가 터지는 현상
- 여름철에는 자동차 타이어 안에 있는 공기를 겨울철보다 적게 넣고 운행하는 현상

해설

빈 공간으로 되어 있는 국그릇의 아랫부분은 식탁에 의해 밀폐된다. 이때 뜨거운 국의 열이 빈 공간에 전달되어 공기의 온도가 높아지면, 공기의 부피가 증가하여 그릇의 약한 부분이 살짝 들어올려지고 공기가 빠져나간다. 공기가 빠져나가면서 반작용으로 그릇이 움직인다. 공기가 어느 정도 빠져나가면 그릇은 움직임을 멈추고 다시 그릇 아랫부분이 밀폐된다. 최근에는 그릇이 움직이지 않게 하기 위해 그릇 아랫부분에 홈을 만들어 공기가 밀폐되지 않도록 하는 그릇이 개발되었다.

9

모범답안

(1) 음압실: 전실, 채취실
양압실: 검사실, 의료인 대기실

(2) 외부에서 유입된 공기는 냉난방 장치를 거친 후 객실의 위에서 아래로 내려와 밖으로 빠져나가므로 객실 내부에서 공기가 서로 섞이지 않기 때문이다.

해설

(1) 음압실은 공급되는 공기의 양보다 빼내는 공기의 양이 많아 출입문이 열려 있을 때 밖의 공기는 들어오지만 안의 공기는 밖으로 나가지 못하게 한다. 환자의 호흡 등으로 배출된 병원균과 바이러스가 섞인 공기는 천장의 정화 시설로 이동하여 외부 유출을 막는다. 양압실은 빼내는 공기의 양보다 공급되는 공기의 양이 많아 출입문이 열려 있을 때 안의 공기가 밖으로 나가지만 밖의 공기는 안으로 들어오지 못한다.

(2) 비행기 안에서는 공기가 각 열의 천장에서 바닥으로, 앞에서 뒤로 흐르므로 앞좌석과 뒷자석 사이에 에어커튼이 만들어져 공기 흐름이 차단된다. 또한, 2~3분마다 환기가 이루어지고 필터가 각종 입자를 99% 걸러주기 때문에 바이러스가 잘 퍼지지 않는다.

10

모범답안

(1) 바람이 불면 바람이 사람의 피부에서 열을 빼앗아 체온이 떨어지기 때문이다.

(2) 데워진 공기가 헐렁한 옷의 윗부분으로 빠져나가면 외부의 공기가 아래의 터진 부분으로 들어오고, 몸 주위로 바람이 불면서 땀을 증발시켜 시원함을 느낄 수 있기 때문이다.

해설

(1) 겨울철에는 온도가 같더라도 바람이 세게 불면 더 춥게 느껴진다. 보통 영하의 기온에서 바람이 초속 1 m 빨라지면 체감온도는 2 ℃ 정도 떨어진다.

(2) 사막에 사는 종족들은 보통 하얀 옷을 입지만 검은 옷을 입는 종족도 있다. 시나이 사막에 사는 베드윈족은 검은 천으로 된 헐렁한 옷을 입고 산다. 베드윈족은 검은 옷을 입어 땀을 빨리 마르게 한다. 수분이 증발하면서 열을 빼앗아 가면 더 상쾌하게 느껴지기 때문이다. 검은 옷을 입으면 흰 옷을 입을 때 비하여 옷 안의 온도가 6 ℃ 정도 더 높아진다. 이렇게 데워진 공기는 상승해 헐렁한 옷의 윗부분으로 빠져나가고 외부의 공기가 아래의 터진 곳으로 들어오기 때문에 몸 주위로 언제나 바람이 불게 된다. 바람이 분다고 해서 기온이 내려가는 것이 아니고 땀의 증발이 활발해지기 때문에 그 기화열로 인해서 시원하게 느끼는 것이다. 바람이 부는 날 체감온도가 낮아져서 실제 기온보다 더 춥게 느껴지는 것과 같다.

11

예시답안

(1) [적합한 용도]
(가) 부침 요리 (나) 튀김 요리
[그렇게 생각한 이유]
(가)는 면이 넓어 빈대떡 등을 부치기 편리하고, (나)는 깊이가 깊어 끓는 기름에 음식을 튀기기 편리하다.

(2) [적합한 용도]
(가) 스테이크 (나) 스파게티
[그렇게 생각한 이유]
(가)는 면이 넓어 스테이크를 굽기 편리하고, (나)는 깊이가 깊어 스파게티 요리를 하기 편리하다.

(3) [적합한 용도]
(가) 기름이 적은 음식 (나) 기름이 많은 음식
[그렇게 생각한 이유]
(나)가 (가)보다 깊이가 깊어 기름이 프라이팬 밖으로 많이 튀지 않는다.

(4) [적합한 용도]
(가) 양이 적은 음식 (나) 양이 많은 음식
[그렇게 생각한 이유]
(나)가 (가)보다 깊이가 깊어 많은 양의 음식을 요리하기 편리하다.

12

예시답안

- 워터 슬라이드를 탈 때 물을 흘려보내면 마찰력이 줄어 더 잘 미끄러진다.
- 피젯 스피너는 베어링과 오일에 의해 마찰력이 작아 한 번 돌리면 오랫동안 회전한다.
- 얇은 스케이트 날은 빙판을 누르는 압력을 높여 얼음을 녹인다. 얼음이 녹아 물이 생기면 물막에 의해 마찰력이 줄어 잘 미끄러진다.

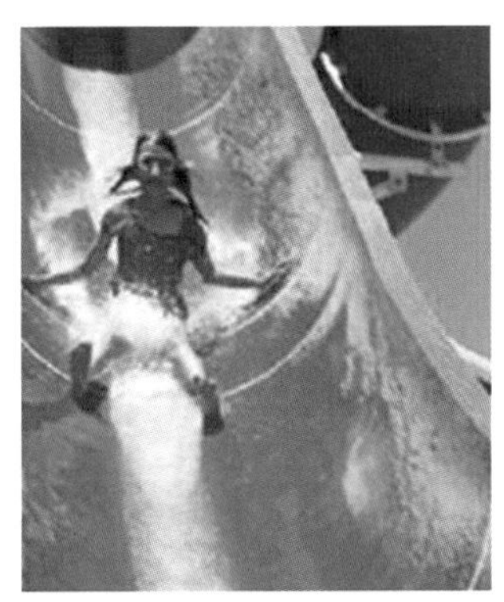

13

예시답안

- 공통점
  - 암석 지형으로 표면이 단단하다.
  - 화산 활동으로 인한 화산 지형이 있다.
  - 과거 운석 충돌로 인해 형성된 운석구가 있다.
- 차이점
  - 지구 표면은 약 70%가 물로 덮여 있지만 화성 표면에는 액체 상태의 물이 거의 없다.
  - 지구는 지질 활동이 활발하지만 화성은 지질 활동이 거의 없다.
  - 지구 표면은 푸른 바다와 육지의 녹색과 갈색 등 다양한 색을 띠지만 화성 표면은 주로 붉은색을 띤다.

14

모범답안

새가 물속으로 잠수하면 물에 젖지 않는 깃털 때문에 깃털과 피부 사이에 공기층이 생겨 체온을 일정하게 유지하고 물에 잘 뜨게 한다.

해설

물에서 헤엄치는 새들은 기름샘의 기름을 부리에 묻힌 후 깃털에 꼼꼼히 발라 깃털이 물에 젖지 않도록 한다. 깃털이 물에 젖으면 체온을 유지하지 못하여 체온이 급격하게 떨어질 수 있다. 깃털이 체온 조절 기능을 제대로 수행하지 못하면 새의 생존과 번식에 심각한 문제를 초래한다.

MEMO

SD에듀와 함께 꿈을 키워요!

www.sdedu.co.kr

안쌤의 STEAM+창의사고력 과학 100제 초등 5학년

개정 1판 1쇄 2025년 06월 10일 (인쇄 2025년 04월 03일)
초 판 발 행 2023년 09월 05일 (인쇄 2023년 06월 21일)
발 행 인 박영일
책 임 편 집 이해욱
편 저 안쌤 영재교육연구소

편 집 진 행 이미림
표 지 디 자 인 김지수
편 집 디 자 인 양혜련 · 김휘주

발 행 처 (주)시대에듀
출 판 등 록 제 10-1521호
주 소 서울시 마포구 큰우물로 75 [도화동 538 성지 B/D] 9F
전 화 1600-3600
팩 스 02-701-8823
홈 페 이 지 www.sdedu.co.kr

I S B N 979-11-383-9153-5 (64400)
979-11-383-9152-8 (64400) (세트)
정 가 17,000원